本书获得国家社科基金项目“‘人—水’和谐机制研究——基于太湖、淮河流域的农村实地调查”（项目编号：07BSH036）与江苏省普通高校研究生科研创新计划“苏北农村工业污染的社会学分析”（项目编号：CX10B_ 047R）资助。

环境与社会丛书

乡村工业污染的演绎与阐释

罗亚娟 著

中国社会科学出版社

图书在版编目(CIP)数据

乡村工业污染的演绎与阐释／罗亚娟著．—北京：中国社会科学出版社，2016.5

ISBN 978-7-5161-7235-3

Ⅰ.①乡… Ⅱ.①罗… Ⅲ.①农村—工业生产—环境污染—研究—苏北地区 Ⅳ.①X71

中国版本图书馆 CIP 数据核字(2015)第 291088 号

出 版 人　赵剑英
责任编辑　冯春风
责任校对　张爱华
责任印制　张雪娇

出　　版　中国社会科学出版社
社　　址　北京鼓楼西大街甲 158 号
邮　　编　100720
网　　址　http：//www.csspw.cn
发 行 部　010-84083685
门 市 部　010-84029450
经　　销　新华书店及其他书店

印　　刷　北京君升印刷有限公司
装　　订　廊坊市广阳区广增装订厂
版　　次　2016 年 5 月第 1 版
印　　次　2016 年 5 月第 1 次印刷

开　　本　710×1000　1/16
印　　张　14.75
插　　页　2
字　　数　204 千字
定　　价　55.00 元

凡购买中国社会科学出版社图书，如有质量问题请与本社营销中心联系调换
电话：010-84083683

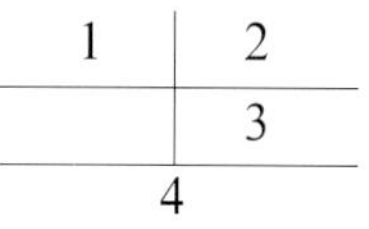

1. 立义化工厂的正门（自互联网，2009 年 2 月，厂名已隐去）

2. 立义化工厂造成特大水污染事件后的污水处理现场（2009 年 3 月摄）

3. 立义化工厂造成特大水污染事件后的污水处理现场（2009 年 3 月摄）

4. 立义化工厂造成特大水污染事件后，挂在厂房上的污水、污泥处理方案（2009 年 3 月摄，厂名已隐去）

盐城市　　化工有限公司废水应急处理、处置方案（技术）简介

1.项目实施依据

依据环保部、省环保厅现场应急指挥部要求，结合指挥部《关于　　公司污水处理处置方案的实施方案》（2009.2.22）和《应急控制方案》（2009.2.22）的相关要求。就地处理、就地达标。

2.项目技术依托

南京大学（技术总负责南大环境学院副院长李爱民教授）

国家环境保护有机化工废水处理与资源化工程技术中心

江苏省有机毒物污染控制与资源化工程中心

3.处理水量

废水水量汇总表

区域	总水量(m^3/h)		备注
污染区	7537	12000	厂近处
轻污染区	73817	78000	厂远处
总水量	81354	90000	

4.处理出水水质

处理最终出水主要指标达到地表水环境质量标准GB3838-2002中三类水质标准：

处理出水水质标准

污染物	PH	COD	挥发酚
指　标	6-9	≤20	≤0.005

5.废水处理（达标）工艺流程

（流程见后图）利用现有河床改造成河道反应器（化学氧化区、中和沉吸附区、沉淀）；采用化学氧化+强化吸附（粉末碳吸附）+沉淀三级措施处理污染废水，处理好的废水回到现有河道，经过自净处理后，达到三级标准后考虑与周围水系融和。

6.污泥处理（无害化）工艺流程

（流程见后图）考虑到污泥中主要污染因子是酚类有机污染物，外运无害化处理成本很高，拟就地无害化处理后回到河道。河道废水处理结束后利用高压水枪将河床中的污泥冲洗泵送到污水处理区，经过化学氧化去除有毒污染物后达到无害化，再经带式污泥浓缩脱水机处理后送砖瓦厂制砖。含酚废水经过强化氧化吸附后回到污泥处理流程，最后一批废水处理达标后排放。

7.项目实施进度

目前废水处理已达到1/3，污泥处理待到废水处理结束后进行，预计整个物化处理过程将在4月中旬结束。处理期间盐城市环保局、盐都区政府、盐都区环保局等部门非常关心项目进度，经常到现场监督检查指导工作。周围老百姓对处理情况和处理效果也比较满意。

8.项目实施总负责

项目实施总负责和牵头单位：盐都区　　镇政府

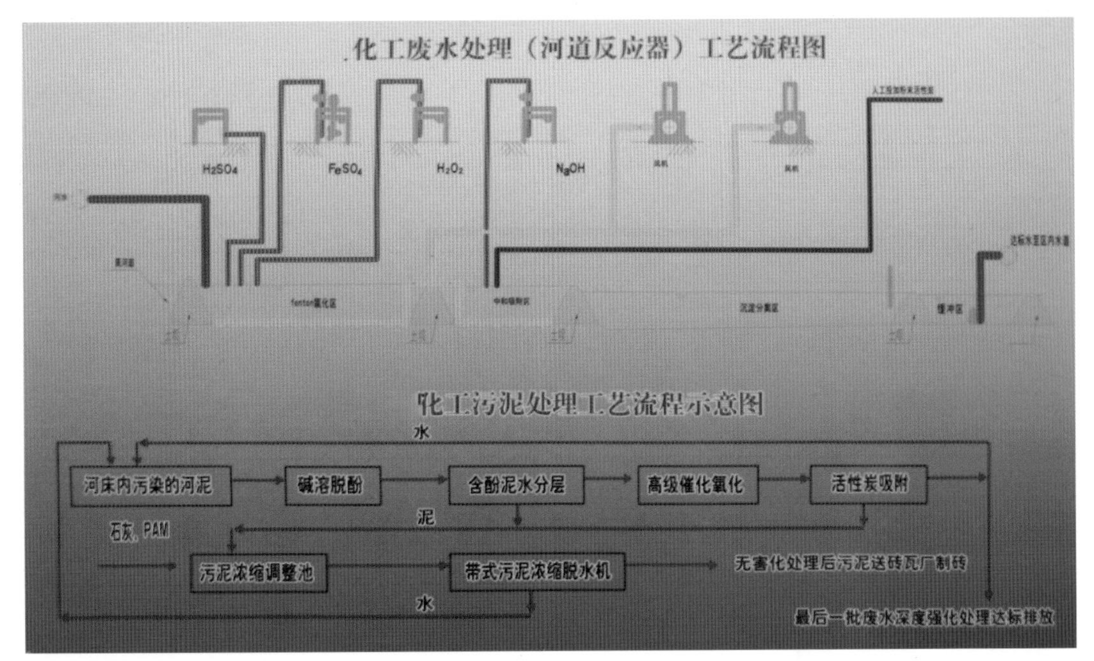

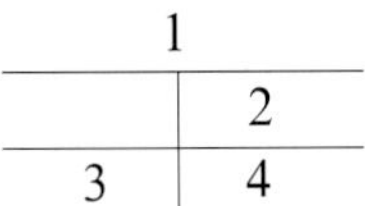

1. 立义化工厂造成特大水污染事件后，挂在厂房上的污水、污泥处理流程图（2009 年 3 月摄，厂名已隐去）

2. 沙岗村庄及遭受立义化工厂污染的河流（2009 年 3 月摄）

3. 特大水污染事件发生后，沙岗村中用于阻断厂区附近污水、污泥的土坝（2009 年 3 月摄）

4. 被废弃的立义化工厂的厂房以及厂前的稻田（2011 年 10 月摄）

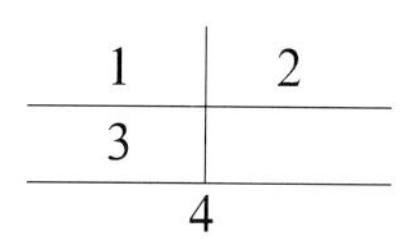

1. 苏北某村落中的发展标语（摄于 2009 年 3 月）

2. 苏北阜宁县东井村中的发展标语“水陆并进忙致富”（摄于 2009 年 3 月）

3. 苏北阜宁县东井村房屋上的发展标语“五年再建新阜宁，杨集三年换新颜”（摄于 2009 年 3 月）

4. 苏北东台市头灶镇的宣传牌中，10 大功臣企业中 7 家企业为化工、印染类企业（摄于 2011 年 10 月）

1	2
	3
	4
5	6

1. 苏北东台市某村落中的颜料化工厂（2007年8月摄）

2. 苏北东台市某颜料化工厂向村中生产河排放绿色污水（2007年8月摄）

3. 苏北阜宁县东井村田间的化工企业（2007年8月摄）

4. 苏北阜宁县东井村中化工企业排污流入田边沟渠中（2007年8月摄）

5. 苏北阜宁县某村中的农药厂隐秘的排污口（2007年8月摄）

6. 苏北阜宁县某村中被污染的河流（2007年8月摄）

1. 苏北东台市头灶镇高新园区指示牌，从中可见污染风险较高的化工、印染企业居多（2009 年 3 月摄）

2. 苏北滨海县沿海化工园区中的指示牌（2011 年 10 月摄）

3. 苏北滨海县沿海化工园区中的指示牌（2011 年 10 月摄）

4. 苏北滨海县沿海化工园区邻近的集镇上，形成了与化工相关的产业链条（2011 年 10 月摄）

5. 素有“苏北黄浦江”之称的灌河，与响水县化工园区相邻，村民们称河水颜色会因各企业排出不同颜色的污水而变色（2011 年 10 月摄）

6. 灌河入海口附近的海滩，为国家级自然保护区，村民们称各类珍禽越加稀少（2011 年 10 月摄）

序

陈阿江

罗亚娟告诉我，她的博士论文修订后要正式出版了，邀请我写序，我很愿意与读者分享她的博士论文及她成长过程中的一些故事。

2006 年，罗亚娟被保送到河海大学社会学系，随我读研究生。2007 年，我申请的国家社科基金项目“‘人—水’和谐机制研究”立项，同学们也随之参与到课题研究中。部分同学根据课题设计，从“人水不谐”及“人水和谐”两种理想类型中选择他们感兴趣的方向，并自主寻找相应的案例开展研究。罗亚娟和其他几位同学选择淮河流域苏北地区研究一些受工业污染的案例。因为苏北地区经过数年招商引资，农村工业污染问题日渐严重，造成了深重的社会影响。

在经验研究中，找到具有较好学术价值的案例十分重要。研究者对案例学术价值的判断能力往往与其知识储备、对问题的思考及发现问题的敏感程度有关。2007 年夏，罗亚娟通过互联网查阅了若干个遭受工业污染危害的村庄，以此为线索，选取了其中 2 个发生污染纠纷并被媒体称为“癌症村”的案例村庄，和同学一起开展探索性的田野调查。2008 年再次和同学一起去了其中的东井村，并确定了东井村作为其硕士论文的选题。此后，罗亚娟多次赴东井村开展调查，与村民保持紧密的联系，持续跟踪观察污染纠纷的发展，完成了以东井村为案例的硕士学位论文。该论文以村民的环境抗争为线索展开，讨论村民通过找企业、找政府、找媒体以及打官司等途径寻求问题解决时所遭遇的各种障碍，探索工业污染导致的社会问题的可能之解。硕士论文初显了她扎实细腻的调查技能和深邃思考的能力，成为“陈门”硕士论文的经典，是后续同学必读的文本。

硕士毕业后，罗亚娟考入河海大学社会学系继续跟随我攻读博士学位。与硕士论文相比，博士论文难度更大。学生通过训练，要精通某个领域，并且要在前人研究的基础上有所发现、有所创造。在此过程中，学生从选题、调查，到分析框架的架构，每一步都可能“碰壁”、遭遇挫折，在徘徊中感受“瓶颈”状态，最终要突破“瓶颈”——在种种磨炼中成长。

2010 年 6 月博士论文开题时，罗亚娟为自己拟定的题目是“文化结构、社会结构与环境：苏北生态环境变迁的社会学解释”。多年的苏北生活体验以及硕士阶段的研究基础，让她感受到苏北地区与苏南及中国其他地域相比，历史、经济、社会文化等方面都有其独特之处，与地域环境变迁也有紧密的关系。她想在硕士论文案例基础上，拓展到苏北这一地域的整体性研究，研究环境变迁与该地社会、文化之间的关联。开题后，虽然她在苏北地区开展了更为广泛、深入的调查，走访多个工业园区、受工业污染的村庄以及市、县、区地方政府和相关职能部门，扩展并加深了对苏北地区的工业污染问题的理解，但真正要动笔时感到困难重重，难以取得预期进展。

“瓶颈”状态中，她放弃环境社会学的研究转向“单位制”研究。研究“单位制”的想法源于师生之间的一次偶然谈话。我在博士生的“中国社会研究”课程里有一部分专门讲单位制，但苦于找不到学生学习的好案例，曾想去做一个经典的单位制案例。2011 年 5 月的一天，我说起很想去某个矿山把“单位制”弄清楚时，罗亚娟说她从小就对城市里的单位很“神往”，很想探个究竟，并想尝试以“单位制”为主题完成博士论文。最后，我们商量确定了连云港的锦屏磷矿——“一五”计划期间 156 项重点建设工程之一，作为“单位制”研究的案例。她阅读了大量的文献，也去锦屏磷矿调查了一段时间。“单位制”是个不易研究的话题，她的经历里也缺乏早期的典型单位的体验，加之时间紧，最后还是放弃了，重回她熟悉的苏北乡村工业污染的研究。

罗亚娟在博士论文过程中的挫折，或许对年轻学人有借鉴意义。在攻读博士学位最初的两年多时间中，她在“瓶颈”状态中停滞、换题、受挫、徘徊，但正是在这样的过程中，她对博士论文的容量、大小合适的研究问题逐渐有了更好的把握，对问题的理解逐渐清晰，学术研究的能力获得了整体性的提升。实际上，年轻人受挫、探索的过程也是成才的过程。

罗亚娟重新回到苏北工业污染的研究后，我除了时常询问其论文进度、叮嘱其注意事项外，没有过多地干预她研究的具体内容。一方面，因为她硕士阶段环境社会学已有较好的基础，对苏北的地域也很熟悉，我相信她的能力。另一方面，我一直倾向于放手让学生比较自由地探索，因为老师教的东西本质上还是老师的，他们自己“折腾”出来的收获才是他们自己的，才有生命力。

她的博士论文初稿交给我时，一读起来，就把我深深地吸引住了。那几天我把手上的其他事放了，专心地读她的博士论文。我对调查点那个村庄和事件是比较清楚的。2009 年 3 月 27 日，我和包括罗亚娟在内的四位同学曾一起到那个工厂及村庄进行过一个简短的调查。因当时污染事件太过敏感，被地方政府驱赶不得不离开。按照我的经验，这样一个污染事件或许可以写成一篇硕士论文，但罗亚娟怎么能把这个事件、一个村庄展开成为一个十余万字的故事的，这是我好奇的。我想，每一位读过这本书的读者一定会被罗亚娟的故事叙述能力所折服。

故事叙述表面上看是在讲述故事本身，实际上隐藏了讲故事的人对故事的理解和解读，也就是讲故事的人对故事的认知。从本书中，可以看到罗亚娟努力在乡土情境而不是外在于乡土社会的理论、概念框架中叙述、阐释污染问题发生、发展的社会过程。

首先，她对苏北这一地域独特的历史、经济、社会、文化做了系统的梳理，将乡村工业污染问题放在苏北独特的地域经济社会背景中去理解，描绘出发人深省的地域社会背景与乡村工业污染问题之关联。

其次，努力依据行动者自身的经验世界和规范体系分析其行动逻辑，展现出具体的行动对于行动者自身的意义。比如，在对农民行动的分析中，注重从农民的经验世界和村落社会中的规范体系阐释村民行动，突出农民行动的乡土意义。提炼出村民独特的以差序礼义为特征的规范体系以及依情理抗争的分析框架，与学界中流行的从依法、以法抗争的维权角度解释村民行为形成对话。在对企业主行动的分析中，观察到企业主如何在具有本土特色的社会环境中利用乡村规范、现代法律规范、人情、“关系”、权力庇护寻求最大的排污空间。在对政府的分析中，注重从本土政治、经济体制、社会背景和文化环境出发，在政府官员权力、利益经营之中，分析政府官员的行动逻辑。

最后，在叙事结构上，顺着沙岗村污染纠纷的进展，展现每一次具体的社会互动中各社会主体间的互动逻辑，自然而然地展现出环境问题背后的社会结构性原因。

在乡土情境中阐述乡村社会现象并不容易。一方面，当前中国社会处在急剧的变迁之中，社会生活的方方面面都在急剧地发生变化，社会现象呈现出多面、复杂的特征，抓住社会现象的本质不易。另一方面，来自西方的、本土的主流概念、解释框架对年轻学者而言难以突破，在理解乡村现象上做到不随大流、提出独创性的见解不易。在本书中，罗亚娟能够在乡土情境中将乡村工业污染问题的社会逻辑阐释得鞭辟入里，得益于她作为苏北人在苏北多年的生活体验，帮助她理解地域社会、村民的规范体系以及村民行动的意义；得益于她在苏北地区持续多年的扎实的田野调查，促使她有可能在真正意义上进入受污染的乡村社区中，了解村民真实的想法；也得益于她善于思考和挖掘村民的生活实践与地域社会、传统文化的关联。

面对西方世界的崛起，中国为了免于被殖民的命运，选择了自强奋起、追赶现代化之路。环境污染问题，有世界共性的一面，也有中国个性的一面。我在分析太湖流域水污染在短短数十年内恶化的原因时，发现有其特殊的社会历史根源，并用“次生焦虑”去表征它。苏北地区，相对于苏南是一个后发达地区——就全国的平均状况而言，苏北并不落后，但比之苏南，苏北的经济发展水平有明显差距——所以苏北的发展，又多了一层追赶苏南的“社会性焦虑”。从目前的中国看，沿海地区率先发展以后，中部地区和西部地区也在崛起中。在江苏相对后发的苏北地区，其发展过程中所出现的问题、特点，或许可以为正在由东向中、向西的梯度发展进程中的其他地区提供借鉴。学术研究不仅是为了解决认知上的问题，也希望有助于当下快速发展中的中国现实。这也是本书出版的意义所在了。

是为序。

2014 年 8 月
于南京寓所

目　录

第一章　绪论 …………………………………………………… (1)

第一节　问题的提出 ………………………………………… (1)

一　选题背景 ……………………………………………… (1)

二　研究源起 ……………………………………………… (3)

三　研究问题 ……………………………………………… (5)

第二节　相关研究综述 ……………………………………… (7)

一　环境问题的社会根源 ………………………………… (8)

二　相关社会主体的行动与互动逻辑 …………………… (14)

第三节　研究方法 …………………………………………… (25)

一　个案的选取 …………………………………………… (26)

二　资料的获取 …………………………………………… (29)

三　分析方法 ……………………………………………… (30)

第二章　地域背景及案例概况 ……………………………… (34)

第一节　寻觅苏北 …………………………………………… (35)

一　自足：原初生计 ……………………………………… (37)

二　变穷：落魄年代 ……………………………………… (40)

三　"更穷"：与财富一江之隔 ………………………… (43)

四　"财神"来了 ………………………………………… (47)

第二节　盐城其地 …………………………………………… (50)

一　自然地理环境 ………………………………………… (51)

二　社会经济脉络 ………………………………………… (53)

第三节 沙岗村概况 …………………………………………（60）
第三章 情理与法规：乡村社区与污染企业间的互动 ……（64）
第一节 厂子进村 ……………………………………………（64）
一 村口的旧房子 ……………………………………………（65）
二 旧房子有了新主人 ………………………………………（68）
三 各有期待 …………………………………………………（71）
第二节 纠纷初起，村庄“审判” …………………………（73）
一 气体泄漏，村庄“审判” ………………………………（73）
二 相安无事：乡村社会的纠纷调解 ………………………（75）
第三节 背信弃义，纠纷升级 ………………………………（80）
一 偷排隐秘显露 ……………………………………………（80）
二 企业复产，村庄“审判”的尴尬 ………………………（84）
三 暴力冲突：乡村社区拒绝再次接纳污染企业 ……（87）
第四节 污染企业与乡村社区的互动阐释及关系分析 ……（92）
一 情理：乡村社区内的行动依据 …………………………（93）
二 选择性的法规：污染企业的行动依据 ………………（100）
三 双重“脱嵌”：污染企业与沙岗村社区的关系 ……（103）
第四章 差序礼义与利益考量：乡村社区与政府间的
互动 …………………………………………………（106）
第一节 上访与“闹事” ……………………………………（106）
一 上访：“不是想闹事” …………………………………（107）
二 拘捕和教育：按“闹事”处理 …………………………（110）
第二节 地方问题，地方解决 ………………………………（112）
一 上达冤情：到省里去 ……………………………………（112）
二 向下批转：落回地方 ……………………………………（118）
三 省委书记的批示 …………………………………………（120）
第三节 地方问题，地方不解决 ……………………………（123）
一 三重利益：地方不解决 …………………………………（123）
二 监管缺位，污染肆虐 ……………………………………（126）

三　筑坝拦污与开坝通污 ……………………（131）
第四节　乡村社区与政府的互动逻辑阐释 ……………（133）
一　差序礼义：找政府的乡村意义 ……………………（134）
二　利益考量：政府的应对逻辑 ………………………（139）
第五章　利害权衡与权势攀附：地方政府与污染企业间的互动 ……………………………………………………（144）
第一节　利大于害：监管“万难” ……………………（144）
一　地方环保局叫苦 ……………………………………（145）
二　古老板的“网”里有谁？ …………………………（149）
三　省里的大动作 ………………………………………（152）
第二节　成为大害：严惩不贷 …………………………（156）
一　村民的举报：可能改变结果的机会 ………………（156）
二　出大事了：立义化工厂捅出了大娄子 ……………（160）
三　不念旧情，严惩不贷 ………………………………（163）
第三节　市里的大动作：“零化工” …………………（169）
一　“零化工”政策 ……………………………………（170）
二　了犹未了：搬迁企业寻踪 …………………………（173）
第四节　地方政府与污染企业的互动逻辑阐释 ………（181）
一　利害权衡：发展与环保压力下“权力经营者”的行为逻辑 ……………………………………（181）
二　权势攀附：体制和文化空间下污染企业的选择 ……………………………………………………（183）
第六章　结语 …………………………………………（187）
第一节　三重互动：乡村工业污染的社会机制 ………（187）
第二节　三重焦虑：苏北乡村工业污染的独特原因 ……（193）
参考文献 ………………………………………………（199）
附录1：重要人物一览表 ……………………………（208）
附录2：访谈提纲 ……………………………………（211）
后　记 …………………………………………………（216）

第一章　绪　论

第一节　问题的提出

一　选题背景

1978年改革开放以来，中国经济整体飞速发展。东部沿海地区拥有较好工业基础，改革开放后利用区位、人才、国家优惠政策等优势要素获得了相对快速的发展。形成了长三角、珠三角、胶东半岛、闽南金三角（厦漳泉）等经济快速发展区。以这些经济相对发达区域为中心，带动了周边地区经济水平的快速提升。以长三角地区为例。最初的长江三角洲是指上海市、苏南的苏锡常三市和浙北的杭嘉湖三市，即环太湖区域，与江南文化亚区的范围相当。随着这一区域经济实力的日渐增强，对周边地区的经济辐射和发展带动作用逐步提升。在此基础上，当前对长三角的区域界定以最初的长三角为核心扩展为“小长三角”、“大长三角”和“泛长三角”。“小长三角”包括上海市，江苏省的苏州、无锡、常州、镇江、南京、南通、泰州、扬州，浙江省的杭州、嘉兴、湖州、绍兴、宁波、舟山和台州，共16个城市及周边地区。“大长三角”包括上海市、江苏省和浙江省全部行政区。“泛长三角”的范围更大，包括上海市、江苏省、浙江省与安徽省等邻近省份。目前，长三角地区在全国范围内是综合实力最强的区域，2010年长三角两省一市（“大长三角”）GDP总量为85524.9亿元，占全国GDP总量的 21.49%。[①]

经济区域内的核心地区与周边地区的经济发展水平存在着梯度差异。在长三角这一全国综合实力最强的区域，其内部各地区经济发展水平的差距也是明显的。上海市、苏南苏锡常三市和浙北杭嘉湖三市为经济核心区，周边其他地区的经济水平相对而言要弱一些。长三角地区的江苏省内，按照经济发展水平分为级差明显的 3 个区域，苏南、苏中和苏北。其中苏南经济最为发达，苏中其次，苏北最为落后。区域经济中产业的梯度转移是一般性的现象。在长三角地区，上海、苏南和浙北地区在产业结构优化过程中逐步淘汰传统产业。被淘汰的产业则顺势流向周边中低梯度地区。

在产业梯度转移的过程中，中低梯度地区在渴求经济快速发展的热情下，常常不能避免高梯度地区发展过程中曾经出现过的各种问题。环境污染问题是其中最为严重的问题。以长三角地区为例，污染转移随着产业转移一并发生是客观事实。2000 年以来，上海、苏南和浙北等地由于土地和环保压力需要优化升级产业结构，逐步淘汰了大量污染大的企业。与此同时，渴求发展的苏北地区则为“温饱”舍“环保”，在此过程中引入大量被苏南等地淘汰的企业。2006 年，《省政府关于支持南北挂钩共建苏北开发区政策措施的通知》[②] 中提出通过苏南“腾笼换鸟”和苏北“筑巢引凤”实现南北双赢。这一初衷良好的政策给苏北地区带来发展契机，但实践过程中因为苏北地区为求快速发展降低环境门槛，衍生出了环境污染的隐患[③]。

在此背景下，2000 年以来较长一段时期内，污染企业以量大

---

① 长三角联合研究中心：《长三角年鉴》(2011 年)，河海大学出版社 2011 年版，第 26—27 页。

② 江苏省政府官网：http：//www. jiangsu. gov. cn/test/200710/t20071015_ 115397. htm

③ 中国新闻周刊：腾笼换鸟苏南污染“出走”苏北？http：//www. cctv. com/news/china/20060123/101930. shtml http：//news. 163. com/06/0123/10/285789IM0001124 T. html

面广的形式存在于苏北乡村。以苏北地区的地级市盐城市为例，至2007年全市近740家化工企业以小、散、乱的特征分布于乡村[①]。由于生产工艺粗放，一个小型化工厂可对附近几个村庄的环境造成严重污染。苏北地区进入环境矛盾突发期，空气刺鼻、河流死亡、农作物异味、"癌症村"、农民环境抗争等新生现象，成为苏北地区这一时期历史叙事的主体，记叙苏北地区的环境和社会巨变。

二 研究源起

笔者对苏北地区水污染问题的关注，始于对家乡小村河水水质和功能变化的观察。笔者的家乡在苏北盐城市的一个小村庄。村中农户的居住形态是20世纪六七十年代统一规划的农庄线模式：经地方政府统一规划，河流开挖取直，房屋沿河流两岸呈"非"字形排列。家住河边，笔者和村中其他孩子自幼便有很多亲水的机会。比如，儿时陪伴着母亲在河边淘米、洗菜、洗衣服；夏日跟着父亲下河玩水；假期里与庄子上的伙伴们钓鱼捉虾。对于我们这些乡下的孩子，河流是生活中的一部分，对河流的感情是天然的。笔者的母亲至今会时常念叨笔者小学时候写的一篇题为"小河边的春夏秋冬"的作文，赞许其中一段表达了她生活里的感受，大意是风吹过河边芦苇的画面很美，声音也让人感觉心安。然而，2002年以后的河流不再给村民们心安、美好的感觉。读本科时寒暑假回家，会听到父母和邻居谈论河水不能用了，河水上面有一层绿油油的漂浮物，河里经常漂浮着的死鱼死虾。原来，不远的邻村来了一个颜料化工厂，这让大家内心忐忑起来。接下来的数年中，小镇附近的村庄先后来了十多家化工企业。有人赞许这是经济发展的好事情，有人担心这是"寅吃卯粮"，"吃子孙饭"。家乡的工业化便是这样开始的。

带着对家乡工业化和环境污染的各种疑问，笔者于2007年参

① 数据来源：2011年10月盐城市经信委工作人员提供的《全市化工产业基本情况汇报》（2010年12月20日）。

加了导师陈阿江教授主持的国家社科基金项目，开始接触淮河流域环境污染问题。进入课题研究以后，笔者发现在苏北地区有大量与家乡小村类似的村庄，遭受着各种小化工厂带来的污染危害。与老家所在的小村不同，这其中一些村庄发生了持续的农民环境抗争。个别村庄因此引起媒体的大量关注，成为网络上有名的“癌症村”。盐城市的东井村是其中一个典型的村庄。于是，笔者带着一份求知渴望和一份对家乡环境巨变的痛惜，扎进了对苏北盐城地区的乡村工业污染问题的田野研究。

2008 年末，笔者完成了硕士学位论文，以苏北盐城地区东井村中村民持续八年的环境抗争行为为线索，展现了村民采取抗争行为的乡土逻辑。遗憾的是，当时东井村中的环境污染事件处于敏感期，笔者只能从参与抗争的村民一方获取信息。村干部回避访谈，企业和地方政府在某种程度上是“黑箱”。因此，对笔者来说，虽然硕士学位论文完成了，但是对乡村工业污染的社会机制的研究依然意犹未尽。

2009 年和 2011 年，笔者及几位同门两次来到盐城市的乡村追踪调查工业污染问题。硕士论文案例东井村中的污染企业已经搬迁至县化工园区，村中河流里重新出现了鸭群。过了事件的敏感期，村干部坦言在上级政府压力之下阻止村民上访时的两难。地方政府官员相对谨慎，虽坦率表达地方政府早先在工业发展和环境保护两方面是一个矛盾体，但是更愿意向我们讲述的是近年来在推进环境保护工作上前所未有的力度。随后，我们走访了盐城市下辖县区中化工企业更为富集的三县一区，访谈化工园区的工人、周边村民和地方政府相关职能部门的工作人员。从苏北盐城市的实际情况来看，虽然当前工业污染问题依然严重，但是自 2007 年开始原先粗犷的工业发展方式开始发生好转，环保控制力度增强，乡间村头的小型污染企业开始减少。

这一转变之“转”何以发生，什么动力或压力促使地方政府采取措施调整发展方略？除却地方财税对化工依赖减小的经济因素之外，转型背后的社会机制是什么？这些疑惑促使笔者想要从根本上探寻乡村工业污染的社会原因，探寻在环境问题背后藏匿着的社会运行机制。此时，盐城市盐都区的沙岗村[①]引起了我们的注意。2009年2月下旬，沙岗村这个平凡普通的村庄引起了全国各大媒体的关注。村里一家“盐城市十大标兵企业”偷排污水导致十公里外的市区几十万居民饮用水停止供应66小时40分钟，造成重大环境突发事故。沙岗村村民遭受的数年污染之苦也因此第一次为外界所知。盐城市的化工污染问题再次被推至风口浪尖，一时间全国范围内的民众都在关注地方政府对此作何处理。地方政府表态一定严查严处此事，并且最终以前所未有的力度清理饮用水源区内的所有化工企业，以“零化工”平息舆论。

区政府这一举措所表达的不仅是彻底治污的坚定决心和坚决措施，还传递给我们这样的信息：地方政府的行政力量在地方经济发展中的干预力度是极大的，一个产业数十家甚至数百家企业的“生死”可以尽在地方政府的取舍决定之中。那么，试想如果这次环境突发事故没有发生，盐都区的化工污染情况又是如何呢？污染受害村民们的处境和态度是什么样的？地方政府又是作何考虑的呢？回到之前的问题，转变之“转”何以发生，在什么社会情境之下会发生或不会发生？此次盐城市重大环境突发事故平息之后，带着这一系列的疑惑，笔者来到了沙岗村从故事的最开端开始了解事情的始末。

三 研究问题

在新中国60多年的发展实践中，中国应当加快速度实现工业化和现代化被当作毋庸置疑的前提认识。无论当代中国人对未来中国走向做什么样的预期，高度发达的现代经济似乎是必须的，必然

---

① 依照学术规范，本研究涉及的地名（乡镇、行政村、自然村）和人名均作匿名处理。

要实现的。早在1954年召开的第一届全国人民代表大会上，中央政府就明确提出中国要实现工业现代化、农业现代化、国防现代化和科技现代化的发展任务。在改革开放以后的30多年里，发展、工业化、现代化在中国已经变成了一种全民信仰。几乎所有地区都渴望获得快速发展，几乎所有人都想在发展中分一杯羹。

在苏北地区的发展实践里，更能看到对经济发展、实现工业化和现代化的不假思索和迫不及待。在长三角地区，苏北地区因黄河夺淮等自然灾害，一直顶着贫穷的“帽子”。灾难、饥荒和贫困处境使得苏北人逃亡到上海、苏南和浙北从事最辛苦、低贱的职业以维持生计。在19世纪中期的上海和其他江南地区，“江北”（主要指“苏北”）、“江北人”是穷困和鄙俗的代名词。[①] 新中国成立后的苏北地区缺乏内生工业基础，工业发展水平远远落后于苏南地区。20世纪80年代以来，苏北地区的农民再次大量涌入上海、苏南等地打工谋生。在周边相对发达的上海、苏南等地的比照之下，苏北人强烈地感受到自身的贫穷。因此，求富不仅是苏北地方政府的强烈愿望，在苏北民间也有深厚的社会土壤。

强烈的求发展心理之下，我们看到苏北招商官员在早期招商时有这样的表达，“我们的优势就是不怕污染”[②]，“我们地方环境容量大，环保指标用不了，直通大海，可以自然分解，环保上不收费用”[③]。这样的招商和发展方式在促进地方经济增长的同时，必然带来严重的环境污染问题和社会危害。那么在社会层面上，谁从这种发展中获益，造成的危害又由谁来承担？这样的利害分配，是在怎样的社会运行过程中形成的？围绕这一问题，各社会主体间进行

① ［美］韩起澜：《苏北人在上海，1850—1980》，卢明华译，上海古籍出版社，上海远东出版社2004年版。

② 相关报道有很多。可以参见《环保冲突事件频发，“GDP情结”是元凶——苏北一位乡镇干部在招商引资的过程中明确表示：“我们的优势就是不怕污染”》，http：//news. xinhuanet. com/mrdx/2005—09/11/content_ 3473787. htm

③ 《中国污染迁徙路线图：环境储备还能耗多久——苏南污染“出走”苏北》，http：//news. xinhuanet. com/fortune/2006—01/19/content_ 4073609_ 3. htm

了怎样的互动和博弈？最终的互动和博弈结果怎样，为什么最终形成这样的结果？这一系列问题涉及环境问题发生的社会基础。

为了探索上述一系列问题，本书以苏北盐城市的沙岗村为案例，以各利益相关主体的互动逻辑为切点，叙述乡村工业污染问题的演绎过程。在此基础上，从沙岗村案例中的经验现象出发，对这一演绎过程作出阐释。本书关注的核心问题是：在苏北盐城地区，乡村工业污染问题形成的社会机制是什么，或者说乡村工业污染问题发生发展的社会逻辑是什么？以各利益相关主体的互动逻辑为切点来解读乡村工业污染问题产生的社会机制，涉及以下具体问题：（1）乡村工业污染问题发生后，乡村社区与污染企业间的互动逻辑是什么，结果是什么？（2）乡村社区与地方政府间的互动逻辑是什么，互动结果是什么？（3）污染企业与地方政府之间的互动逻辑是什么，在什么社会情境中发生变化？

在乡村工业污染的诸多案例村庄中，各利益相关主体在互动、博弈之后形成一个相对稳定的具有一般性特征的结果。导致这种一般性结果的社会机制也具有一些一般性特征。但是在一些案例村庄中，上述具有一般性特征的互动结果并不是僵化不变的，而是在一些特殊影响因素进入之后发生了变化。比如，在沙岗村案例中，村民、企业和地方政府互动结果在7年中维持了一个相对稳定的状态。2009年污染企业造成的重大环境突发事件影响到市区饮用水，这一维持7年的互动结果立即发生了改变，工业污染问题立即获得了解决。因此，本书在探索乡村工业污染形成的社会机制时，还关注这种乡村工业污染问题发生转变的社会机制，以及这一社会机制中体现出的区域性特点。

第二节 相关研究综述

“环境—社会”关系是环境社会学的一个基本问题。围绕“环境—社会”关系这一基本问题，环境社会学学科内形成了多个研究主题，主要包括以下几个方面：环境污染问题的社会根源；环境污染的社会危害；环境危害的社会分配问题，即环境公平问题；环境问题的社会建构；环境意识与环境行为的关系；环境运动；污染受害者抗争，等等。针对这一系列研究主题，国内外环境社会学领域形成了多个研究流派和研究范式。比如，新生态范式，生态马克思主义范式，“跑步机”（Treadmill）理论[①]，环境问题的社会建构论，生态现代化理论，生活环境主义，社会两难论，等等。

因为在不同的国家或地区，环境问题所生长的社会土壤不同，任何一个现有理论或解释范式都有其对应的特定社会背景和特定对话对象。任何一个理论或解释范式都难以直接用来解释中国的环境问题。以下根据本研究的研究问题，有选择性地述评已有研究成果。述评的重点围绕环境问题的社会成因、利益相关主体的行动与互动逻辑方面的重要文献。

一 环境问题的社会根源

国外有关环境问题的社会根源的研究，主要从历史根源、文化基础、政治经济体制、社会体制安排等方面作了深入的探讨。较为经典的研究包括：林恩·怀特（Lyn White Jr）对生态危机的历史根源的研究；刘易斯·W. 蒙克里夫（Lewis W. Moncrife）对环境危机的文化基础的研究；以艾伦·史奈伯格（Allan Schnaiberg）为代表的“跑步机”理论；以约翰·贝拉米·福斯特（John Bellamy Foster）为代表的生态马克思主义学派对生态环境与资本主义制度关系的探讨，等等。国内相关研究主要从历史文化传统、社会心理、政治体制、社会体制安排等方面探讨中国环境问题的社会根源。比如，陈阿江从中国儒家意识传统中“断后”焦虑和近代追

① 在国内，艾伦·史奈伯格（Allan Schnaiberg）提出的“跑步机”（Treadmill）理论有几种不同的翻译方法，包括“苦役踏车”理论，“永动机”理论和“跑步机”理论。本研究选用“跑步机”理论这一译法。

赶现代化的社会性焦虑心理的角度探讨中国环境问题的社会根源。张玉林从体制、制度层面探讨环境污染问题的社会根源。

（1）国外研究

早在1967年，林恩·怀特在《科学》杂志上发表了一篇有较大影响力的论文《我们生态危机的历史根源》。在此论文中，他提出生态危机的历史根源根植于犹太—基督教文化传统（Judeo - Christian Tradition）。他认为基督教是最为人类中心主义的宗教。基督教从犹太教那里继承的创世传说中，上帝创造了光明、黑暗、地球、所有的动植物，最后以上帝的形象创造了亚当和夏娃。人类命名所有动物，建立起人类在地球上的统治地位。基督教不仅建立了人与自然的二元论，而且使人类开发自然符合上帝的意愿。同时，通过摧毁异教的万物有灵论，基督教使得人类带着对自然万物冷漠的情绪开发自然成为可能，开发自然的旧禁忌也消解了。怀特认为目前全球生态环境日益恶化是科学技术的产物，这些科技源自中世纪的西方思想。更多的科学和技术并不能帮助我们在未来摆脱生态危机，除非我们找到一种新的宗教，或者对旧的宗教进行思考。① 怀特从历史文化传统的角度追溯犹太—基督教与科学、技术、开发自然的亲和关系，探讨西方生态危机的文化起点，给我们以开阔的历史文化视野。

怀特提出生态危机的宗教历史根源的观点后，刘易斯·W. 蒙克里夫提出了与怀特争论性的观点。他指出犹太—基督教传统可能对民主、技术、城市化、对自然持侵犯态度有影响，但是将这一因素作为生态危机的历史根源是一个少有历史和科学支持的大胆主张。他认为源自文化的体制结构——比如资本主义和民主化——促进了城市化、资源个人私有等结果，从而导致了环境危机。② 与怀特从宗教文化视角解释生态危机的历史根源不同，蒙克里夫对生态

---

① Lyn White. Jr. *The Historical Roots of Our Ecologic Crisis*. Science, 1967, Vol. 155, No. 3767: 1203 - 1207.

② Lewis W. *Moncrife*. *The Cultural Basis for Our Environmental Crisis*. Science, 1967, Vol. 170, No3957: 508 - 512.

危机根源的解释偏重资本主义体制结构的解释视角。两人通过追溯宗教文化、历史传统和体制结构，作出从历史文化角度解释生态危机的最初尝试，给我们很大的启示，但是与后期的研究相比缺乏丰满的理论体系和严密的论证。

关于环境的政治经济学解释中，一个基础性解释范式是艾伦·史奈伯格提出的“跑步机”理论。1980 年，史奈伯格提出“Treadmill”概念。他使用“Treadmill”作为资本主义经济扩张原理的比喻，勾勒出互为一体的“生产的跑步机”（The Treadmill of Production）与“消费的跑步机”（The Treadmill of Consumption）相互推动和循环最终导致环境危机的机制。经济的增长要求“生产的跑步机”持续不停地运转，企业和工人为了获得利润都必须努力停留在“生产的跑步机”上。“生产的跑步机”的持续运转通过刺激人们的消费欲望使人们不停地消费，推动“消费的跑步机”与之保持相应的速度。踏上“消费的跑步机”的人们的需求变得永无止境，尽管消费的物品在不停地增加，人们的满意度、幸福感并没有提高。为此，踏上“消费的跑步机”的人们需要有更多的消费来满足自己，从而刺激“生产的跑步机”加速生产，进入下一次循环。为保证资本主义经济体系正常运转，循环不能停止。最终导致严重的环境后果：资源的过度使用和产生大量的废弃物。形成“大量生产——大量消费——大量废弃……”的恶性循环。[①][②]跑步机理论阐释了资本主义经济体系与环境之间的关系，为我们理解中国改革开放后经济体系高速运转与环境急剧破坏的关系提供了一个有较强解释力的框架。

同样是在关于环境的政治经济学解释中，以约翰·贝拉米·福斯特为代表的生态马克思主义学派针对生态危机对资本主义制度作

---

① Allan Schnaiberg. *The Environment: From Surplus to Scarcity*. Oxford: Oxford University Press, 1980: 220-234.

② Michael Bell. *An Invitation to Environmental Sociology*. California: Pine Forge Press, 2004: 53-64.

了系统的批判。福斯特认为资本主义制度本身是造成生态危机的根源，生态与资本主义是两个相互对立的领域。只有通过根本性的社会变革，才有可能解决生态危机。首先，资本主义的本质具有无限扩张性，而环境是有限的，因而在全球资本主义和环境之间形成了灾难性的冲突。其次，在发展经济的过程中，对人类社会具有最直接影响的环境因素需要长远的总体规划，但“也就是几代人之间生存环境的均衡问题”与“冷酷的资本需要短期回报的本质是格格不入的”。福斯特不赞同资本主义制度的“不断创新和市场奇迹”可以帮助解决生态危机的观点。从工业资本主义的发展史来看，资源利用率的提高、更加集约的工业化过程始终伴随着经济规模的膨胀。环境危机因此恶化而不是好转。[1]

福斯特使用史奈伯格的“跑步机”理论来论证通过呼吁将生态价值与文化融为一体的道德革命来解决生态危机注定是徒劳的。因为这种道德呼吁忽视了资本主义的核心体制：全球性的“生产的跑步机”。他将这种生产方式比喻作“一种巨型的松鼠笼子”。我们每个人都是“跑步机”上的一部分，既不可能也不愿意从中脱离。人们的需求依所处的社会环境为条件，环境的主要敌人并不是人们的消费欲望和道德，而是每个人都依附的“跑步机”式的生产方式。这种“结构性不道德”是导致环境危机的根本原因，通过改变个体道德限制消费而不是限制投资、生产来解决环境问题是徒劳的。[2]

从上文对国外有关环境问题根源的研究成果的梳理，我们可以看出，不同研究者从不同的层面探寻环境问题的社会根源。与我们经常可以看到的将工业化、现代性看作环境危机的根源不同，福斯特和史奈伯格直指资本主义经济体系的本质。指出资本主义制度在本质上与

① 约翰·贝拉米·福斯特：《生态危机与资本主义》，耿建新宋兴无译，上海世纪出版股份有限公司，译文出版社 2006 年版，第 1—17 页。

② 约翰·贝拉米·福斯特：《生态危机与资本主义》，耿建新宋兴无译，上海世纪出版股份有限公司，译文出版社 2006 年版，第 36—43 页。

生态环境相对立。福斯特和史奈伯格的观点有相似之处，都认为资本主义经济体系的正常运行需要经济增长机器持续不停地生产扩张，必然导致资源的耗竭和大量废弃物的产生，生态危机不可避免。与一般研究将开发自然看作人类固有本性的研究不同，怀特和蒙克里夫从历史文化传统的角度追溯人类开发自然的意识起点和来源。怀特从宗教文化中寻找到西方社会开发自然的意识以及科学技术的源头。

福斯特和史奈伯格对资本主义经济体系与环境危机关系的探讨对我们理解中国环境问题有很大帮助。中国自改革开放以来，逐步建立和完善市场经济体系，经济运行方式与资本主义经济体系虽有所不同，但是相似性更多。中国环境问题的产生与资本扩张、资本寻求短期回报的本质密切相关。中国已然踏上“生产的跑步机”和“消费的跑步机”。怀特和蒙克里夫从西方历史文化传统的角度寻找西方科学技术、资本主义的源头。对中国社会而言，市场经济体系为西方舶来之物，中国社会没有西方宗教的历史文化传统。那么，除了资本主义经济体系对环境对立的本质之外，中国环境问题产生的历史根源和社会机制是什么呢？国内有相关研究为我们提供了有力解释。

（2）国内研究

陈阿江基于中国太湖流域水污染的多年观察，对水污染问题作了系统的研究和阐释：首先，在宏观社会历史层面，怕“断后”的历史性焦虑与怕“落后”的近代焦虑导致比西方社会更严重和急剧的环境问题。其次，中观层面，文本规范与社会实践规范相分离促成环境污染。

既然有学者认为美国生态危机的历史根源根植于犹太—基督教的宗教传统文化，那么为什么缺乏西方宗教传统的中国却同样出现了严重的环境问题？基于这一问题，陈阿江追溯了中国环境问题的社会历史根源。陈阿江将中国社会分为两个阶段，分别探讨环境问题的社会历史根源：“以儒家文化为代表的中国前现代社会”和“受西方或者全球化影响后的中国近代社会”。在中国前现代社会，儒家学说和民间家族伦理都讲究“多子多福”，“不孝有三，无后为大”。衍生出怕

“断后”的社会心理和村落文化，成为中国前现代社会几千年中的历史性焦虑。庞大的人口基数是前现代中国和近现代社会环境问题的重要影响因子。陈阿江认为，中国当前环境问题的源自怕“落后”、追赶现代化的近代焦虑。相对于西方新教徒勤勉刻苦的原生焦虑，陈阿江将中国追赶现代化的社会性焦虑称为“次生焦虑”。计划经济时期的“大跃进”运动以及改革开放后的“后跃进”（开发区热，为指标而指标）都源自“次生焦虑”。①②

基于中国法律条文相当完善而太湖流域水污染事件频发的现象，陈阿江认为水质每况愈下的基本原因是有法不依。表现为本不该“降生”的企业被“准生”，本该达标排放却没有做到，本该对污染做出赔偿却难以执行。陈阿江从这一系列现象中提炼出“文本规范与实践规范相分离”的一般性特征。即虽有文本上的法律可依，但事实上却按实践规则行事。陈阿江从三个层面分析这一现象。第一，违法成本低，守法成本高。第二，个人行为需要外界约束，但现行体制缺乏监督。第三，从中国传统文化来看，中国人具有根据情景做事的传统。③

张玉林认为中国环境污染问题不断加剧与以下两个中国独特的体制性因素有着重要关系：自上而下的压力型体制和“政经一体化”的经济增长机制。具体表现为以下几个方面。其一，在权力授权主要来自上级和政绩考核指标以经济总量和增长速度为核心的前提下，各级地方官员从自身利益（政绩、政治前途）考虑，必然更为关注提高 GDP。其二，在“分税制”改革加上农业剩余提取减少甚至消失的情况下，面临现实生存问题的地方政府必须培植

① 陈阿江：《次生焦虑：太湖流域水污染的社会解读》，中国社会科学出版社 2009 年版，第 186—187 页。

② 陈阿江：《中国环境问题的社会历史根源》（重印本序），载《次生焦虑：太湖流域水污染的社会解读》，中国社会科学出版社 2009 年版，第 1—17 页。

③ 陈阿江：《文本规范与实践规范的分离——太湖流域工业污染的一个解释框架》，载《学海》，2008 年第 4 期，第 52—59 页。

企业以扩大税源。地方政府与企业在此背景下很容易形成“政商同盟”，结果“环境保护”在实践中常常被异化为“污染保护”。①

有关中国环境污染问题的社会成因，国内其他学者也从不同的角度作出了阐释。比如，洪大用从城乡二元社会结构的角度探讨农村面源污染的社会成因。② 从城乡二元结构的角度，可以在一定程度上帮助理解中国工业污染源从城市向农村转移的问题。

不同研究者从不同层面对中国环境问题的社会成因的研究对我们理解中国环境污染问题有不同的启示。陈阿江基于太湖流域水污染的多年观察，从前现代社会和现代社会的历史性社会焦虑、依据情景而不是法律做事的传统等多个层面探索环境污染问题的社会根源，对我们从社会、历史和文化多个角度理解中国环境污染问题有很大启示。对追赶现代化的“次生焦虑”社会心理的提炼，对理解地方政府和普通民众迫切求发展的社会心理尤具解释力。张玉林从社会政治体制角度得出的结论，对中国工业污染问题背后的体制原因有很大的解释力。

国外研究成果可以帮助我们理解苏北盐城地区的乡村工业污染中与西方资本主义经济体系运行中共同的、一般性的特征；国内研究成果可以帮助理解苏北盐城地区乡村工业污染中与其他地区共同的社会历史传统和体制性驱动力。

二 相关社会主体的行动与互动逻辑

宗教、文化、历史、社会体制性的因素帮助我们从宏观层面理解环境问题的社会成因。环境问题中各利益相关主体的行动逻辑，各利益相关主体间的互动逻辑，则从微观的层面给我们展现具体的环境问题在社会主体的博弈中得以解决或未解决的成因。可以从污染企业、

① 张玉林：《政经一体化开发机制与中国农村的环境冲突》，载《探索与争鸣》，2006年第5期，第26—28页。

② 洪大用、马芳馨：《二元社会结构的再生产——中国农村面源污染的社会学分析》，载《社会学研究》，2004年第4期，第1—7页。

污染受害者和政府部门三者的行动逻辑以及环境问题以外其他社会纠纷中与农民、政府的互动相关的研究4个方面综述已有文献。

因为文化、体制的差异，中国社会中污染受害者、污染企业和政府部门的行为，与西方国家有很大的差异。比如，中国社会中大部分的污染受害者在农村，大部分受害村民面对污染受害会选择沉默而不是采取行动。当有对抗污染企业的行为发生时，所采行为方式也与西方国家大不相同。比如，中国污染受害者常常采取破坏工厂、上访等方式反对企业污染，西方国家对抗污染则以有组织的环境运动为主。企业主及政府部门的行为，与西方企业主和政府部门相比，亦有较大差异。在此部分，主要述评国内相关研究，对西方相关研究不做讨论。

1. 污染企业的行动逻辑

关于污染企业的研究，都基于这样一个共同的社会事实：污染企业主为经济理性人，追求经济利益的最大化，也正因此造成了污染问题。从社会科学的角度，作为经济理性人的污染企业主也是社会人，其经济利益的实现离不开其所处的社会环境，需要在与村民、政府的互动、博弈中获得利益最大化。目前学界对于污染企业主在与村民、政府的互动中如何采取行动的讨论基本穿插在环境污染问题综合性的研究以及村民抗争的研究中，专门性的研究很少。从现有研究来看，污染企业欺骗、拉关系等行动普遍，目的都是获得更大的生存空间。亦有企业通过承担更多社会责任的方式争取生存空间。

因为存在污染问题，污染企业在进入村庄时，往往利用村民对企业生产经营缺乏了解的情景条件，欺骗村民其生产经营不会产生污染，清除企业进村的阻力。在笔者关于东井村的案例研究中，有此类现象发生。[①]

污染企业进入村庄后，其排污行为受到村民、政府职能部门的

① 罗亚娟：《乡村工业污染中的环境抗争——东井村个案研究》，硕士学位论文，2009年。

共同监督，需要处理与村民、政府职能之间的关系。陈阿江在其研究中详细讨论了企业主选择达标排放或偷排的成本与收益，发现偷排成本的弹性比较大，其一，给受影响方的赔偿金额对企业来说非常小；其二，地方环保局对企业处罚是有弹性的。企业可以通过各种“公关”行为向政府争取“宽松”的政策，比如吃饭、送礼、送钱等。公关虽需成本，但回报可观。因此，企业趋向于偷排而不是达标排放。①

王威的硕士论文阐述了两个污染企业案例的行动逻辑。两个企业均通过与村委会、村里的非体制精英拉好关系获得更大的生存空间。其中一个企业具有长期理性，通过除技术人员外仅在村里招工的方式，与普通村民保持互利共赢的关系，以及承担更多的环境保护责任的方式获得了更长期、稳定的生存空间。②

污染企业作为问题制造者，其生存空间的大小取决于其所处的社会环境。污染企业如何与村民、政府互动，充分体现了在乡村工业污染问题上相关社会主体的力量格局。在决定污染企业生存空间的问题上，村民处于弱势地位，地方政府处于绝对的强势地位。这在村民和政府的行动中同样有所体现。

2. *污染受害者的应对逻辑*

污染企业致害后，面对环境污染，不同地域、社会特征的污染受害者有不同的反应。主要包括：沉默型、逃离型、抗争型和从污染受害者转变为污染者的类型。从现有文献来看，关于这四种研究主要集中于对抗争型的研究，关于沉默型和从污染受害者转变为污染者的专门研究屈指可数，关于逃离型的专门研究几为空白。研究主要集中于抗争型是因为相比其他类型，污染受害者的抗争行动较为显在，更易为研究者发现；同时，抗争行动通过将污染“问题

---

① 陈阿江：《水污染事件中的利益相关者分析》，载《浙江学刊》，2008 年第 4 期，第 169—175 页。

② 王威：《拉关系与担责任：小钒厂的行动逻辑——乡村污染企业的社会学研究》，厦门大学硕士学位论文，2009 年。

化”，与污染企业、政府部门发生互动，将更多社会问题呈现于众。关于污染受害者在遭受污染后选择逃离污染源的专门研究几为空白的原因是：其一，这类污染受害者的逃离行为本身较为少见——只有具备迁移的经济能力并且意识到污染损害健康的污染受害者才可能主动迁离污染源；其二，正因为这类污染受害者较为少见，且通过主动迁离避免了严重的污染危害，与其他类型比较，研究和解决的迫切性不强。基于此，对逃离型的相关研究不做专门的综述。

（1）沉默型

关于污染受害者在遭受污染后选择沉默而不是行动的专门性的研究很少。从目前的文献来看，主要有两篇文献：一篇为冯仕政关于城镇居民的研究；另一篇是陈阿江关于农村居民的研究。

从冯仕政早期的调查结果来看，遭遇环境污染后，大部分城镇居民选择不采取行动。这与现实情况是较为符合的。冯仕政的调查研究基于2003年全国综合社会调查，结果显示“城镇居民在遭受环境危害后，只有38.29%的人进行过抗争，高达61.71%的人选择了沉默”。通过对这一现象更进一步的研究，发现选择沉默亦或是抗争，与居民的社会经济地位和社会关系网络有关：“一个人社会经济地位越高、社会关系网络规模越大或势力越强、关系网络的疏通能力越强，对环境危害做出抗争的可能性就越高，反之则选择沉默的可能性越高。”由此，冯仕政认为“中国城镇居民面对环境危害时的行为反应深受差序格局的影响……在遭受环境危害后之所以有抗争或沉默的行为差异，是由于在差序格局下，不同社会经济地位的人通过社会关系网络所能支配和调用的资源不同”。[①]

陈阿江的研究为我们解释了为什么大部分农民遭受污染后选择沉默而不是采取行动进行抗争。他认为这与农民特有的生存理性有关。首先，对大部分农民来说，生计当头，首先要解决所有家庭成员的吃

① 冯仕政：《沉默的大多数：差序格局与环境抗争》，载《中国人民大学学报》，2009年第1期，第122—132页。

饭穿衣问题。采取行动对抗污染企业需要破财、时间和精力。对于一般农民来说，这是不符合他们的生存理性的。其次，面对技术壁垒，普通受害村民只能自叹无知无能，没有足够能力将污染受害问题化。再次，普通民众难以与企业巨人抗衡。最后，因为中国政府“有为”传统，民众有对政府的依赖惯性，“一盘散沙”的农民因此很难自组织起来。所以，面对环境污染，形成了“沉默的大多数”的局面。也因此，太湖流域环境污染极为严重的20年间，仅出了两位民间环保英雄，还被看作“傻子”和“疯子”。[①]

（2）从污染受害者转变为污染者

污染受害者转变为污染者是指：污染受害者在遭受污染的情况下，消极应对，接受周围环境遭受污染，在环境资源不能为已所用的情况下转变为污染者。陈阿江基于太湖流域村落的经验事实发现，“村落的外源污染不仅污染了村落的水域，而且导致了村落的内生污染。村民在水污染解决无望时，被动地适应改变了的环境，如饮用水被动地从河水改变为井水、自来水。由于水域高级功能的丧失，居民在被迫弃用水体高级功能的同时，无意识中使用、开发了水体的低级功能——纳污功能，变传统的保护者为现代的污染者。”[②] 这一现象在遭受污染的村落社会并不少见，因为问题不够显现，没有成为学界研究的重心。

（3）抗争型

受害者的环境抗争越来越得到学术界的关注，并形成了一定的研究成果。与污染受害者针对污染问题的其他反应相比，研究成果相对丰富；但与当前严重的环境污染及相关社会冲突现实相比，尚显薄弱。笔者于2014年7月，在中国知网文献全部分类中搜索题名含环境抗争的文献，仅搜索到56条文献。在中国知网期刊库中

---

① 陈阿江：《水污染事件中的利益相关者分析》，载《浙江学刊》，2008年第4期，第169—175页。

② 陈阿江：《从外源污染到内生污染——太湖流域水环境恶化的社会文化逻辑》，载《学海》，2007年第1期，第36—41页。

搜索题名含环境抗争的文献，仅搜索到39条文献。

以环境抗争行动“内”与“外”两个视角考察现有研究成果的分析路径，可将已有研究成果分为两类：一类研究聚焦环境抗争行动本身；另一类研究则更偏重于探索环境抗争行动的外部环境。环境抗争“外”视角的研究，旨在研究环境抗争行动所处的政治制度、社会制度、法律制度和文化环境等外部社会环境因素如何影响环境抗争的结果，关注的是环境抗争实践的各种结果“何以可能”[①]。环境抗争“内”视角的研究，旨在研究抗争行动中行动者的社会特征、行动的驱动力、策略选择以及动员机制等，关注的是抗争行动“何以可为”[②] 以及“如何为之”。

环境抗争“外”视角的研究，比如，张玉林研究发现，环境抗争成功不仅需要受害者行动组织化，还需要有“对抗争诉求保持积极回应的企业和公共权力”，以及来自媒体、医学和法律人士等外部精英的支持，但这些因素在农民抗争中都难具备[③]。司开玲研究发现环境诉讼中“审判性真理”（权力实践所借助的知识形式）限制了农民对污染受害的证明[④]。唐国建、吴娜的研究发现污染“责任方的强势自我认定和执法角色失位是渔民环境抗争受阻的双重阻碍”[⑤]。童志锋、朱海忠等人从政治机会结构的角度对农民环境抗争的空间进行了深入的探讨[⑥][⑦]。陈占江、包智明则从环

---

① 童星、张乐：《国内社会抗争研究范式的探讨——基于本体论与方法论视角》，载《学术界》，2013年第2期，第44—59页。

② 童星、张乐：《国内社会抗争研究范式的探讨——基于本体论与方法论视角》，载《学术界》，2013年第2期，第44—59页。

③ 张玉林：《环境抗争的中国经验》，载《学海》，2010年第2期，第66—68页。

④ 司开玲：《农民环境抗争中的“审判性真理”与证据展示——基于东村农民环境诉讼的人类学研究》，载《开放时代》，2011年第8期，第130—140页。

⑤ 唐国建、吴娜：《蓬莱19—3溢油事件中渔民环境抗争的路径分析》，载《南京工业大学学报》（社会科学版），2014年第3期，第104—114页。

⑥ 童志锋：《政治机会结构变迁与农村集体行动的生成——基于环境抗争的研究》，载《理论月刊》，2013年第3期，第161—165页。

⑦ 朱海忠：《政治机会结构与农民环境抗争——苏北N村铅中毒事件的个案研究》，载《中国农业大学学报》（社会科学版），2013年第1期，第102—110页。

境抗争行动的“内”与“外”两个角度，对宏观的政治机会结构变迁与微观的农民环境抗争演变的关联性进行了历时性考察，发现无论是计划经济、经济转轨亦或是市场经济时期，“农民环境抗争的发生与演变、形式与策略、效果与后果无不受到政治机会结构的形塑、规范和限制”[①]。

现有关于环境抗争行动“内”视角的研究，较多地涉及了环境抗争行动的策略、组织状况、动员机制等。比如，张玉林在其研究中讨论了村民环境抗争的一般性策略及其组织、动员状况。研究发现，当污染非常明显且造成损害之后，村民最初的反应是向当地的环保部门进行举报或直接与污染企业交涉。但是交涉常常得不到回应。地方信访得不到预期结果之后，村民会将希望寄托在高层权力机构，比如省城或者中央。但是多数结果是问题回到地方解决，从而回到原点。这种情况下，村民便开始采用“自力型救济”行动，比如围堵企业、阻断交通、破坏工厂等方式促使企业停产。最终的结果是采取行动的关键人物会被以扰乱社会秩序、破坏生产秩序或破坏公私财产的罪名予以拘留或判刑[②]。陈占江、包智明通过案例研究呈现了案例村庄中不同历史时期村民环境抗争的策略：计划经济时期表现为集体沉默与柔性反抗；经济转轨时期表现为以理抗争和以气抗争；市场经济时期表现为以法抗争与依势抗争[③]。童志锋通过案例研究讨论了案例现象中村民环境抗争从无组织到维权组织再到环境正义团体发展的可能路径。[④]

① 陈占江、包智明：《农民环境抗争的历史演变与策略转换——基于宏观结构与微观行动的关联性考察》，载《中央民族大学学报》（哲学社会科学版），2014年第3期，第98—103页。

② 张玉林：《环境抗争的中国经验》，载《学海》，2010年第2期，第66—68页。

③ 陈占江、包智明：《农民环境抗争的历史演变与策略转换——基于宏观结构与微观行动的关联性考察》，载《中央民族大学学报》（哲学社会科学版），2014年第3期，第98—103页。

④ 童志锋：《政治机会结构变迁与农村集体行动的生成——基于环境抗争的研究》，载《理论月刊》，2013年第3期，第161—165页。

笔者认为，无论是行动策略、组织状况还是动员机制，都是环境抗争行动的外显特征，是环境抗争行动者面对污染作出反应并形成行动决策以后的结果以及展开行动的过程；在此之前，环境抗争行动者在污染发生后作何反应、如何选择行动策略，是环境抗争行动的“内核”。与环境抗争行动的外显特征相比，环境抗争行动的“内核”——环境抗争行动者在污染发生后作何反应、如何选择行动策略，更难为行动者以外的人所洞悉。理解环境抗争行动的“内核”，需要研究者置身于环境抗争行动者而非研究者自己的经验世界，理解环境抗争行动者的观念体系、规范体系和行为习惯。现有研究中，仅少量研究做出了尝试。早期，景军在研究中发现村民对环境污染的认知、反应及做出行动与村民信仰保育送子的民间神祇、重视香火延续的观念有很大的关系[①]。近年，李晨璐、赵旭东的研究发现村民做出的打砸、拦路、跪拜等环境抗争行动是“过往经验”在记忆中的映射，是“传统思维的延续”[②]。

环境抗争“内”“外”两个视角的研究对我们理解当前中国的环境抗争都尤为重要，综合环境抗争行动本身的特征以及和环境抗争行动所处的社会环境特质，可以帮助我们从整体上理解当下污染受害者环境抗争得以成功或失败的社会机制。

3. *政府部门在环境问题中的行动逻辑*

污染企业生存空间大小、村民抗争是否能达成目标，在很大程度上取决于政府部门的行动。从现有研究来看，普遍将地方政府部门看作利益主体而不单纯是民众利益的“守夜人”——在污染问题的处理上，政府部门倾向于在一定程度上给予污染企业以生存空间，并从中获益。

在许庆明和张玉林的研究中，都从以经济增长的压力性型考核

---

① 景军：《认知与自觉：一个西北乡村的环境抗争》，载《中国农业大学学报》（社会科学版），2009 年第 4 期，第 5—14 页。

② 李晨璐、赵旭东：《群体性事件中的原始抵抗：以浙东海村环境抗争事件为例》，载《社会》，2012 年第 5 期，第 179—193 页。

制度的角度解释了政府部门出于自己的政绩、前程更加关注经济增长而不是环境保护。[①②] 从而导致地方政府与污染企业存在利益依存关系，选择为污染企业提供生存空间，压制污染受害者的抵制。张玉林还从地方政府维持和运行的财力需求的角度，探讨地方政府更加关注经济增长的原因。[③]

一方面，地方政府对经济增长的重视以及体制缺陷，共同造成地方环境环保部门的角色"稻草人化"——地方环保部门对一些企业不敢查或者不敢处理，变成了吓唬污染企业的"稻草人"，不能起到监管污染企业的作用。[④⑤] 另一方面，从地方环保部门的角度看，"县市环保部门可以对其境内的排污企业进行罚款，罚款所得归它所有"，"如果依法关闭污染企业，环保局就断了自己的财路"，从而形成了"猫和老鼠同吃一锅粥"的现象。[⑥]

此外，地方政府为了招商引资、为地方财政创收、丰富政绩，在环境保护问题上还会出台各种环保"土政策"。耿言虎、陈涛将其概括为象征性环保土政策、选择性环保土政策、替换性环保土政策、附加性环保土政策。污染企业在环保土政策的保护伞下"落地生根"、"拒绝处罚"，从而导致了严重的环境危害、社会危害。[⑦]

---

① 许庆明：《试析环境问题上的政府失灵》，载《管理世界》，2001年第5期，第195—197页。

② 张玉林：《政经一体化开发机制与中国农村的环境冲突》，载《探索与争鸣》，2006年第5期，第26—28页。

③ 张玉林：《政经一体化开发机制与中国农村的环境冲突》，载《探索与争鸣》，2006年第5期，第26—28页。

④ 马传松：《困境与出路：对我国环境保护中"稻草人现象"的社会学透视》，载《四川环境》，2007年第2期。

⑤ 陈涛、左茜：《"稻草人化"与"去稻草人化"——中国地方环保部门角色式微及其矫正策略》，载《中州学刊》，2010年第4期。

⑥ 陈阿江：《水污染事件中的利益相关者分析》，载《浙江学刊》，2008年第4期，第169—175页。

⑦ 耿言虎、陈涛：《环保"土政策"：环境法失灵的一个解释》，载《河海大学学报》（哲学社会科学版），2013年第3期。

4. 其他相关研究

除却环境污染问题中污染受害者、污染企业主、政府的行动研究以外，在其他社会问题上，关于农民的行动逻辑、民众与政府的互动机制、行动及互动的社会文化土壤等问题的研究，对本研究亦有较大的启发意义。

翟学伟曾对中国人社会行动的结构分析以及中国人的价值取向做了深入的讨论。他认为中国人社会行动的结构不可用个人主义亦或集体主义的单一取向来解释，而是由“家长权威、伦理规范、利益分配和血缘关系四个变量之间构成的制衡关系所组成”的复杂结构[①]。认为中国人的价值取向曾经历了“宗教意识取向、伦理取向、文化取向、政治取向和经济取向”[②]。对我们理解和分析当下农民、企业主的行动逻辑具有一定的借鉴作用。

应星将“气”——“中国人追求承认和尊严、抗拒蔑视和羞辱的情感驱动”以及“气场”——“未组织化的群众为了发泄不满，相互激荡而形成的一种特定的情感范围”引入对中国农民群体事件发生机制的研究中[③④]，对我们理解环境污染事件中受害村民的行动的发生机制有较大的启发。同时，应星基于西南一个乡水库移民的集体上访史深入剖析政府与农民在不断的互动中“流动着”的运作机制，是该问题领域较为经典、精彩的研究。在其研究中，既充分展现出中国农民集体行动、利益诉求以及集体行动中“问题化”的独特逻辑，又展现出具有中国特色的政府的治理技术与权力技术：拔钉子、开口子、揭盖子等。[⑤] 对我们理解政府处理

---

① 翟学伟：《中国人社会行动的结构——个人主义和集体主义的终结》，载《南京大学学报》（哲学·人文科学·社会科学版），1998年第1期。

② 翟学伟：《中国人的价值取向：类型、转型及其问题》，载《南京大学学报》（哲学·人文科学·社会科学版），1999年第4期。

③ 应星：《“气场”与群体性事件的发生机制——两个个案的比较》，载《社会学研究》，2009年第6期。

④ 应星：《“气”与中国乡村集体行动的再生产》，载《开放时代》，2007年第6期。

⑤ 应星：《大河移民上访的故事》，生活·读书·新知三联书店2001年版，第54页。

农民集体行动的逻辑以及政府与农民互动的逻辑，有较大的启发。

吴毅基于华中地区的一起石场纠纷，分析农民群体性利益表达困境，提出“权力—利益的结构之网”阻隔的解释框架：“农民利益表达之难以健康和体制化成长的原因，从场域而非结构的角度看，更直接导因于乡村社会中各种既存‘权力—利益的结构之网’的阻隔。”[①] 对理解环境污染问题中地方政府与企业结盟，受害者难以表达其利益诉求，具有很大的帮助作用。

此外，黄光国等人在其研究中对中国社会人情法则、面子、关系取向等特征的探讨[②]，以及翟学伟对中国社会中面子、人情、关系网的分析[③]，对情理社会的社会交换方式的分析[④]，为我们理解环境问题中污染企业与政府官员之间关系的社会文化基础提供了理论参考。

综上所述，国内外现有研究对于环境污染的社会成因、相关社会主体行动及互动逻辑已经形成较多不同层面的、有较强解释力的理论或解释框架。为我们理解中国乡村工业污染问题提供了不同层面的理论资源。比如，史奈伯格的“跑步机”理论可以帮助我们理解诸如苏北这样的欠发达地区为何急迫地追求发展，而不是长远理性地制定发展规划来规避粗犷发展导致的各种问题；陈阿江的“次生焦虑”可以帮助我们理解中国追求急速发展，导致严重环境问题的社会历史源头；陈阿江对太湖流域工业污染的长程的、持续的、多层面的研究为我们理解苏北等欠发达地区的发展提供了可参照对比的现象和理论资源；张玉林的“政经一体化”分析概念，对我们理解与环境问题相关的政府行为提供了有力的解释框架。

---

① 吴毅：《“权力—利益的结构之网”与农民群体利益的表达困境——对一起石场纠纷案例的分析》，载《社会学研究》，2007 年第 5 期，第 21—45 页。

② 黄光国等：《人情与面子：中国人的权利游戏》，中国人民大学出版社 2010 年版。

③ 翟学伟：《面子·人情·关系网》，河南人民出版社 1994 年版。

④ 翟学伟：《人情、面子与权力的再生产——情理社会中的社会交换方式》，载《社会学研究》，2004 年第 5 期。

但是现有研究成果并不能给我们提供一劳永逸的理论或解释框架。现有研究大多是在静态层面讨论污染问题的社会成因，具有一定的缺陷。比如，张玉林提出的“政经一体化”分析概念对中国环境问题的体制性原因有很强的解释力，但是政府行为之所以对研究者来说是一个“黑箱”，正是因为政府本身也是一个充满各种压力和动力的矛盾体，行为在权衡变动之中而不是固定的。在本研究的案例中就有这样的情况，前一天地方政府还为经济舍环保，后一天便转而舍经济求环保。仅仅守住“政经一体化”分析概念就不能帮助我们理解以上这种变动的现象。再比如，现有研究中对作为污染受害者的村民的抗争行动的研究，更多地集中在行动策略、组织动员及其行动结果等外显特征的讨论，对村民抗争行动的“内核”——如何在其经验世界、规范体系中作出反应、选择行动策略，对村民抗争行动在其规范体系中的乡土意义的研究积累较少，在学理层面难以帮助我们理解村民为何作出如此行动。

中国乡村工业污染问题本身及其成因处于动态的状态。尤其是如苏北盐城地区这样的欠发达地区的环境问题有较多地方性的特征。虽然从苏南等发达地区移植产业的过程中一并移植了污染问题，但是苏北的发展问题、环境问题必然并不完全会重走一次苏南的道路。污染问题在社会层面上引发的各种社会现象也不尽相同。因此，理解当前乡村工业污染问题的社会成因，需要基于经验材料，在现有解释框架的基础上作更深入细致的研究，需要在各利益主体的经验世界、规范体系中讨论其行动逻辑，在各利益主体的互动过程中探究污染问题产生的社会机制。这正是本研究努力尝试做的。

第三节 研究方法

定性的实地研究包括多种研究范式，本研究选用个案研究的研究范式。具体的资料搜集方法包括文献法、参与观察法和深度访谈法。对经验资料的分析不套用“大款”理论，努力用“文化持有者内部的眼界"[①] 解读乡村工业污染问题的社会机制。分析乡村工业污染的具体方法可以用长时段、动态、事件链、互动等关键词来概括。以沙岗村工业污染发生发展和利益相关主体间的互动逻辑为叙事逻辑。

一 个案的选取

长期以来，有关个案研究方法的代表性，学界有很多争论。大部分个案研究也都要在研究方法这一块去讨论个案方法的代表性，交代各自的研究通过怎样的努力走出个案研究的代表性困境，各自的个案具有怎样的特殊性可以与宏观场景对接，等等。在此问题上笔者赞同王宁的观点。王宁认为"关于个案研究的代表性问题是'虚假问题'"，"个案不是统计样本，所以它并不一定需要具有代表性"。个案研究的逻辑基础不是"统计性的扩大化推理"，而是"分析性推理"。以统计性的代表性问题来排斥和反对个案研究方法，是对个案研究方法的逻辑基础的一种误解。与此同时，王宁认为提高个案研究的可外推性的一个重要办法是选择具有典型性的个案。典型性与代表性不可混为一谈，"典型性不是个案'再现'总体的性质（代表性），而是个案集中体现了某一类别的现象的重要特征"。[②]

基于此，笔者不对个案研究的代表性问题或者本研究如何走出个案研究等问题做重复性的长篇讨论、对话或论证。对于本研究中个案的选取做几点必要的交代。

第一，本研究的空间范围和边界是盐城地区遭受工业污染的村庄，决定本研究的性质是呈现区域性现象而不是全国性的现象。盐城地区乡村工业污染问题具有明显的地域性特征，源自苏北地区特

① 吉尔兹：《地方性知识》，王海龙、张家瑄译，中央编译出版社 2000 年版，第 73 页。

② 王宁：《代表性还是典型性？——个案的属性与个案研究方法的逻辑基础》，载《社会学研究》，2002 年第 5 期，第 123—125 页。

殊的经济发展阶段和方式、历史发展际遇、地方社会基础以及自然地理等特征。在经济发展阶段维度，盐城地区为发达经济圈内的欠发达地区，处在快速发展的经济起飞阶段。在经济发展方式的维度，与苏南、浙北等地不同，盐城地区的地域特征是地方政府主导式发展。在内生工业薄弱和发展动力不足的背景下，主要靠地方政府通过招商引资导入外来产业；地方政府的行政力量在工业产业的淘汰、转型和升级中起到关键性的作用。在历史发展际遇维度，盐城地区因为区位、交通等原因，始终与发展“一江之隔”。对经济发展长期的“可望而不可求”，使得盐城地区在近十余年中面对发展机遇时迫不及待，导致严重的环境污染等各种问题。在地方社会基础层面，一方面，通过多年打工，盐城地区的农民见识了苏南等发达地区居民的富裕，对发财致富、追赶发达地区的生活水平有强烈的愿望；另一方面，与发达地区相比，盐城地区的村落内，社会规范相对传统，农民相对淳朴，对现代法律规范、知识掌握较少。包括上述经济社会背景在内的区域性特征，决定盐城地区与苏北以外的其他地区不同。因此，本研究的属性是区域性的，只表现区域性现象，其研究结果不外推至整个中国范围。

第二，沙岗村是苏北盐城市乡村工业污染中的典型村庄。如上文所述，典型性与代表性不同，不可混为一谈。沙岗村的典型性主要表现为两个方面。其一，沙岗村发生了持续的环境抗争，即村民持续7年多采取行动对抗污染企业造成的环境污染。这在盐城其他村庄很少发生。2000年以后大量污染企业由地方政府招商引资进村。如上文所述，依据盐城市官方统计数据，2007年盐城市范围内就有近740家化工企业以小、散、乱的特征分布于乡村。其中发生持续环境抗争的村庄屈指可数。其二，沙岗村的工业污染问题获得彻底解决并不直接因为村民的持续抗争或者地方政府及其相关部门的常规环境整治，而是因为发生一起在全国范围内引起广泛关注的重大环境突发事故，促使地方政府在各种压力下采取行政力量强制关闭污染企业。

第三，具有典型性而不是代表性或普遍性赋予沙岗村研究意义，这是本研究选取沙岗村作为研究案例的主要原因。本研究的研究目标为通过案例分析洞察盐城地区乡村工业污染的社会机制。如果从“沉默的大多数”中选择任一村庄做案例分析，虽然案例村庄具有代表性和普遍性特征，但是因为案例村庄过于“平静”难以达成本研究的研究目标。沙岗村中发生的环境抗争以及环境突发事故，犹如平静的湖面上被扔进了石块，激起的波澜使观察者有机会看到各社会利益主体相互之间的互动过程，从中探寻日常隐藏着的社会运行机制。从这里我们可以看到，案例的典型性而不是代表性或者普遍性在呈现社会特征上的优胜之处。这也是本研究选择沙岗村而不是占据大多数的沉默村庄作为研究案例的原因所在。

第四，将沙岗村作为本研究的案例，是在田野调查过程中逐步确定的。本研究是笔者硕士学位论文的接续性研究。2007 年笔者开始进入有关苏北盐城地区乡村工业污染问题的田野调查。在硕士学位论文中，笔者通过对案例村庄中村民环境抗争的剖析来探讨乡村工业污染的社会原因，对盐城地区乡村工业污染背后的社会机制获得了一定的理解。但是如前文所述，仅对村民的环境抗争作剖析是单薄的。因此，2009 年进入博士生学习阶段，笔者持续思考通过什么样的方法能够增进对乡村工业污染问题的理解，并持续关注家乡两个遭受工业污染的村庄案例以及邻县两个与大型化工园区邻近的村庄。但是，始终没有获得期望中的进展。2009 年 2 月盐城市发生重大环境突发事故，笔者由此知道了沙岗村的存在。2009 年 3 月在沙岗村了解了污染受害的大致情形。2011 年 10 月、2012 年 7 月和 2013 年 1 月，通过更为深入的田野调查，了解了事故发生前沙岗村村民、企业和政府三个主体之间的持续互动过程，以及事故发生后地方政府对发展方式做出的“零化工”调整。丰富、复杂且戏剧性的事件过程给笔者提供了深度探究乡村工业污染问题的素材。笔者遂决定选定沙岗村为案例做深入的研究。

二　资料的获取

研究资料的获取方法不仅直接与研究者选取的研究范式相关，还在较大程度上与研究者选择的分析方法相关。就本研究获取研究资料的方法和途径而言，有两个方面需要交代。其一，与本研究的定性研究、实地研究和个案研究属性直接相关，本研究采用文献法、参与式观察和深度访谈法获取研究资料。其二，与本研究注重在长时段的动态社会脉络中理解个案村庄的分析方法相关，本研究在获取研究资料时，不仅搜集乡村工业污染发生期间的研究资料，还注意获取乡村工业污染发生前和发生后的区域性社会、经济和文化背景。

文献资料的搜集包括三个方面：地方史志资料、学术文献和互联网上的相关信息。对苏北和盐城区域性的社会、经济、文化、政治、自然地理等历史背景的理解，主要通过研读地方史志资料获得。对于乡村工业污染的发生机制、苏北和盐城区域性社会经济变迁等议题，通过搜集和阅读相关学术文献、将现有学术研究与本研究所获田野资料做对比等途径加深理解。对沙岗村工业污染的关注始于互联网。各大网络媒体对沙岗村的新闻报道也是本研究研究资料的重要来源之一。

参与式观察是本研究获取研究资料的主要方法之一。如上文所述，笔者对盐城乡村工业污染的观察，始于笔者于2002年之后对家乡小村中工业污染现象的关注。在苏北盐城乡村的生活经历和家乡小村持续多年的工业污染，为笔者通过参与式观察获取与本研究相关的背景性资料提供了便利。

进入沙岗村的田野调查后，笔者主要通过深度访谈获取研究资料。笔者最初了解到沙岗村时，村中发生的工业污染已经历经多年，事态发展已接近尾声。绝大部分的研究资料是“过去式”的。这决定了笔者在了解沙岗村工业污染的来龙去脉时，只可能更多地通过深度访谈而非参与式观察获得信息。访谈的对象包括村民、村干部、乡镇干部和区环保局工作人员。在对村民的访谈中，重点访谈居住在污染企业附近、遭受严重污染损害和参与污染纠纷、上访等事件的村民。

此外，笔者在田野调查的过程中注意收集了一些重要的相关文字资料。主要包括沙岗村村民的诉讼状（上访信）和地方政府有关经济发展、环境整治的文件材料。通过这一系列文字资料，可以帮助笔者了解村民、地方政府在各自实践层面和表达层面上的吻合和分离情况，加深对各主体价值规范和行为逻辑的理解。比如，在沙岗村村民如何看待他们与污染企业的工作人员发生肢体冲突的问题上，村民的实践与表达存在分离的现象。无论是在当时的冲突情景之中还是在事后笔者的访谈之中，村民都认为他们的行为是合乎情理的。但是，在他们的诉讼状（上访信）的表达中，他们会如此评价他们的行为："这种行为是不好的"，"极不文明的"，"这是犯法的"，"不可取"。从村民这种不一致的表达和实践逻辑，我们可以看到村民行为的深层逻辑和道德规范，思考这种行为逻辑和道德规范的历史脉络。

三　分析方法

有关本研究的分析方法，有以下四点需要交代。

第一，在对研究资料的分析过程中，不傍"大款"理论，或者说不套用权威理论解释。很长一段时间以来，学术研究中有大量借用西方理论解释中国社会问题的现象。学生及年轻学者在面对西方"大款"理论时，更是常有难以超越和直接套用的想法。究其原因，包括三方面。其一，本土社会学起步较晚，相对于西方丰厚的研究成果而言，本土社会学的学术积累较为薄弱。其二，当代中国的经济社会发展以源自西方社会的现代化为方向和目标，使得西方理论对中国社会变迁具有权威性，并在一定程度上具有解释力。比如上文提到的"跑步机"理论和生态马克思主义学派的观点，以及福柯的权力与知识解释范式，"国家—社会"解释范式，等等。其三，对于年轻研究者而言，由于自身理论素养和把握中国社会运行机制的能力限制，难以与西方权威理论对话，于是借用西方理论解释中国社会现象较为常见。一方面，笔者在有关乡村工业污染的思考中，也曾为不能傍“大款”理论觉得遗憾，缺乏学术自信心。但另一方面，亦不想直接套用源自西方社会基础的西方理论来解释和分析研究对象，忽视中国社会现象背后深厚的社会历史背景，造成对研究对象的一知半解，并且使得源自中国乡村社会土壤的丰富的社会事实勉强成为西方理论的呆板注脚。

第二，努力用“文化持有者内部的眼界”解读乡村工业污染问题的社会机制。虽然研究者可以尽力做到不套用权威理论解读研究对象，但是研究者对研究资料的搜集和对研究对象的分析，必然会在某种程度上受到研究者本身的价值体系影响。在本研究的研究过程中，笔者尽力做到不傍“大款”理论，从经验现象本身出发作出解读。但是究竟如何理解研究中所面对的经验现象，如何避免对经验现象的误读，都是很难的问题。在田野调查和调查资料分析的过程中，笔者尽力融入研究对象的经验体系、价值规范体系，去理解研究对象的表达与实践在他们自己价值体系的意义。这一解读方式与吉尔兹提出的“文化持有者内部的眼界”类似。笔者出生并成长于苏北乡村，多年的苏北农村人的身份养成和乡村工业污染受害者的经历，为笔者使用研究区域内“文化持有者内部的眼界”看待乡村工业污染问题提供了便利。但是，受制于生活阅历和经验的限制，对地方政府和污染企业的理解主要来自田野调查中对官员和企业主的访谈，难以做到用这两者内部的眼界解读其态度和行为。

第三，本研究的分析方法可用以下几个关键词来概括：长时段、动态、事件链、互动。长时段的分析方法是指笔者不仅关注乡村工业污染发生的过程本身，还关注乡村工业发生之前的区域社会、经济、文化特质，关注乡村工业污染问题解决之后各相关社会主体的价值和行为特征。这与扩展个案方法或延伸个案方法（Extended Case Method）注重个案的“前历史”（Prehistory）和社会后果[1]相似。动态的分析方法是指笔者对乡村工业污染的观察和分析，是在时间链而非时间点上分析污染事件链，关注事态发展的前后逻辑，各利益相关者行为的前后逻辑。如前文所述，事件是乡村日常生活中跌宕起伏的波澜。只有在事件发生的时候，真正的社会关系才能展现出来。[2] 前后相继相连的事件链可将乡村工业污染背后的社会机制完整地展现出来。最后，与关注单一社会主体的行为不同，关注社会主体间的互动的分析方式不仅需要分析各社会主体的行为逻辑，还需要分析社会主体间行为相遇、碰撞时的互动逻辑。即是说，在分析乡村工业污染问题的发生发展过程时，不仅分析受害村民的抗争逻辑、污染企业的行为逻辑和地方政府及其相关职能部门的行为逻辑，还关注受害村民与企业、受害村民与地方政府、企业与地方政府间的互动逻辑。

第四，叙事逻辑。按照两个逻辑叙事：其一，沙岗村工业污染的发生发展；其二，沙岗村工业污染发生发展中利益相关主体间的互动逻辑。如上文所述，沙岗村工业污染中发生的一系列相互串联的事件链是我们理解乡村工业污染的社会机制的抓手。因此，以沙岗村工业污染发生发展的事件脉络为叙事逻辑，一方面可以还原和呈现社会事实本身的逻辑，另一方面也有助于我们从事件的脉络展现中逐步探索乡村工业污染的社会机制。沙岗村工业污染发生的事件脉络背后，隐藏着各利益相关主体的互动逻辑。在沙岗村案例中，受害村民、污染企业以及地方政府及其相关职能部门之间的互动贯穿始终，但是在工业污染发生发展的不同阶段有不同的特征。污染发生的初始阶段，主要展现出的是周边受害村民与污染致害企业之间的互动，其他利益主体间的互动为次。在后续阶段，主要展

---

① 朱晓阳：《小村故事：罪过与惩罚（1931—1997）》，北京：法律出版社2011年版，第36—45页。

② 孙立平：《“过程—事件分析”与当代中国国家——农民关系的实践形态》，载清华大学社会学系：《清华社会学评论特辑》，鹭江出版社2000年版。

现出的是村民与政府及其相关职能部门之间的互动，其他利益主体间的互动为次。在污染问题发展的后期，主要展现出的是污染企业与政府及其相关部门之间的互动，其他利益主体间的互动为次。因此，本书的另一叙事逻辑为利益相关主体间的互动逻辑。两条逻辑线索相辅相成。

第二章　地域背景及案例概况

万顷洪荒水，今书入海年。

无穷新版筑，有限死金钱。

岸草经秋长，商船薄暮连。

往来歌禹绩，翻遣泪潸然。

——孔尚任《视冈门新河》①

本研究的地域范围为江苏省苏北地区的盐城市。在对研究区域的选取问题上，笔者曾矛盾于将研究区域限定为苏北地区还是隶属于苏北地区的盐城市。苏北，作为一个区域概念，其内部各市县在历史际遇（黄河夺淮、漕运衰落、黄河北徙、灾害连年）、摘掉“贫穷帽”以摆脱“江北佬”标签的社会文化心理、在此社会文化心理之下形成的经济发展模式等方面是极为相似的。这些方面与苏北乡村工业污染问题的发生发展有着紧密的关系。在此基础上，可以说苏北地区内各市县中乡村工业污染问题形成的社会机制具有一定的相似性，并且富有区域性的特征，区别于苏南和江苏省以外的其他

① 孔尚任（1648—1718年），字聘之，又字季重，号东塘，别号岸堂，自称云亭山人。山东曲阜人，孔子六十四代孙，清初著名诗人、戏曲作家。《桃花扇》作者。清康熙二十五年（公元1686年），淮河决口，孔尚任奉旨，随工部侍郎孙在丰出差维扬，协助疏浚黄河。孔尚任亲至盐城，布置开挖冈门镇（即本研究中的大台镇）向东的入海口新官河（今称蟒蛇河）。此诗《视冈门新河》所描述的便是孔尚任监修新官河时的情景。

地区。在此层面上，在探讨乡村工业污染问题时，苏北地区可以作为一个整体性的区域概念。但是，苏北地区内部各市县的经济发展阶段、产业结构等方面具有些许差异，在自然地理、原初生计、语言、文化等方面具有差异，称为一个文化亚区较为勉强。因此，苏北内部各市县的乡村工业污染问题亦有不同之处。在此层面上，以隶属于盐城市的案例村庄中发生的经验现象来表达整个苏北地区的乡村工业污染问题，虽可体现苏北地区内各地的共同特征，却不能兼顾差异性的特征。苏北内部各市县在乡村工业污染问题上的异同并不是本研究的重点问题，笔者最终将研究区域限定为盐城市。

以盐城市而不是整个苏北地区为研究区域，并不代表可以忽视苏北地区的区域性特征。因为如上文所述，盐城市隶属于苏北地区，在历史际遇、摘掉"贫穷帽"摆脱"江北佬"标签的社会文化心理、在此社会文化心理之下形成的经济发展模式等方面是极为相似的。这些因素是包括盐城市在内的苏北地区乡村工业污染问题发展的地域性历史、经济和社会文化背景。因此，下文首先追溯苏北地区的历史际遇，为我们理解和探究这一区域改革开放以来的社会文化心态、经济发展模式、乡村工业污染顽疾提供"前历史"的社会脉络。这对我们理解乡村工业发生发展的地域特征很重要。继而介绍盐城地区的自然地理环境、社会经济背景以及案例村庄沙岗村的概况，为后文阐释乡村工业污染的社会演绎和剖析盐城地区乡村工业污染发生发展的社会逻辑提供必要的背景材料。

第一节　寻觅苏北

在清朝以前，尚没有江苏省，亦没有"苏北"这一地域概念。黄河夺淮之前，苏北地区的繁荣富足堪与江南相媲美，并没有"江北人"、"江北佬"、"江北猪猡"（主要指苏北人）这样的鄙称。"苏北"被贴上卑贱的标签、被戴上贫穷的帽子，与黄河夺淮、漕运衰落、黄河北徙、岁罹水患、就食江南等一系列历史际遇直接相关。这一历史际遇造成的一系列社会后果，与改革开放以来苏北地区的经济发展模式选择以及与经济发展相关的社会文化心态存有紧密的关系。

“苏北”并非如其名所喻指涉江苏北部所有市县。在不同的历史时期，苏北一词指涉不同的区域范围。“苏北”作为一个行政区名称出现始于晚近的民国时期。汪伪政府时期，民国二十八年（1939 年）5 月 19 日，伪江苏省徐州市办事处改为苏北行政专员公署。民国三十四年（1945 年）7 月 1 日，淮海、盐阜两行署合并，成立苏北行政委员会。[①] 解放初期，1949 年至 1952 年，中共在华东大区下分设苏北人民行政公署和苏南人民行政公署。苏北人民行政公署于 1949 年 4 月 21 日成立，驻泰州市，下辖泰州、扬州、盐城、淮阴、南通 5 个行政分区。1952 年 11 月，苏北行政区、苏南行政区与南京市合并建立江苏省。“苏北”不再作为一个行政区名称。

改革开放以来，“苏北”在官方使用中更多以经济发展区而不是行政区为依托。并且苏北所指涉的地理范围发生变化，在原先苏南、苏北二分法的基础上，发展为当今的苏南、苏中和苏北三分法。这一思路首先源自费孝通在 20 世纪 80 年代基于江苏省内区域经济的调查提出的相关论点。1984 年初，费孝通基于对江苏小城镇的调查，在苏南、苏北传统二分法的基础上，提出将江苏省内经济发展区域分为苏南、苏中和苏北三个区域的三分法思路。[②] 其中，苏南包括苏、锡、常三市和南通的东部和南部；苏中包括扬州市的沿江一部分、镇江、南京、南通市的西部及北部；苏北包括徐州、连云港、盐城、淮阴和扬州市的一部分。

按照江苏省官方现今通行的经济区域划分，江苏省分为苏南、苏中和苏北三个经济发展区，但其包括的范围与费孝通的提法略有

① 资料来源：涟水县政府门户网站《涟水县历史沿革》http：//www. lianshui. gov. cn/web/center/mlls/lsgk/zjls/lsyg/2012/10/26/91611. html

② 费孝通：《小城镇，苏北初探》，载《小城镇四记》，新华出版社 1985 年版，第 76—77 页。

不同。苏南包括苏州、无锡、常州、南京和镇江5市。苏中包括南通、泰州和扬州3个省辖市。苏北地区包括徐州、连云港、宿迁、淮安、盐城5个省辖市，共40个县（市、区）。土地面积为54357平方公里，2009年年末户籍人口3335.39万人。[①]

在本研究中，“苏北”的地理范围与当前江苏省官方通行的经济区域划分一致，包括徐州、连云港、宿迁、淮安、盐城5个省辖市。如上文所述，与苏南地区不同，苏北地区内部各市县的经济发展阶段、产业结构等方面具有些许差异，在文化层面也并非整体性的文化亚区。本研究中使用“苏北”一词并将苏北地区作为一个整体性的研究区域，在经济层面上，以苏北地区的历史际遇和在近代以来的时段内，在实现现代化的过程中，经济发展模式上的同质性为依托的。在社会文化层面，本研究并不将苏北勉强看作一个整体性的区域，仅取苏北地区民众迫切求富、摘掉“贫穷帽”和摆脱“江北佬”标签的社会文化心理作为这一地区共同的社会文化特征。

一　自足:原初生计

近代以来苏北大量灾民流亡他乡、“就食江南”的景象，往往使人们认为苏北历来就是贫穷的苦地方。事实并非如此。历史上，苏北地区的经济水平和民间百姓的生计因黄河夺淮等原因发生过重大变迁。本研究以1128年黄河夺淮为历史分界点，将黄河夺淮发生前苏北区域民众的生计称为原初生计。苏北百姓的原初生计以农、盐、漕、渔为依托，自足且有保障。苏北曾如苏南一样，是“蘇”字会意之下的鱼米之乡，并且一些地区的富足程度曾有胜于江南地区。

苏北地区的农业区可大致分为徐淮农业区、里下河农业区和沿

① 数据来源：江苏省统计局 http：//www.jssb.gov.cn/jstj/tjsj/tjnj/，《江苏统计年鉴——2010》电子版。

海农业区。黄河夺淮发生前，淮河自远古通畅入海，两岸拥有肥沃的土地，徐淮农业区为中国重要的产粮区之一。有研究认为，中国的稻作创始人在据今7800年左右的时间，于今苏北、山东、河南、河北的交界地区首先将野稻培育为人工稻。[①] 亦有研究认为，公元前1000—前500年的周代时期，以淮河为界，中国已形成两个稻作区：淮河以北的稻麦夹种区和淮河以南的纯稻区。[②] 民谚“江淮熟，天下足”、“走千走万，不如淮河两岸”，表达的正是这一地区农耕发达、百姓生活富足的景象。

黄河夺淮发生前，里下河农业区自然条件优越，适宜农耕。公元前486年，吴王夫差为北上中原争霸，利用江淮间的众多湖泊，开挖了沟通江淮的邗沟（里运河）以通粮道，促进了这一地区的开发。至秦汉时期，这一地区的湖泊日渐干涸，聚落渐多，农田逐渐被开发。唐大历年间（公元766—779年），淮南西道黜陟使李承带领地方百姓创筑捍海工程“常丰堰”，挡住海潮入侵，保护堤内农田，加速了里下河地区的农业开发。[③] 宋代天圣二年（公元1024年），任泰州西溪（今东台）盐监、后调任兴化县令的范仲淹征集兵夫四万余人，在唐常丰堰基础上筑“范公堤”抵挡海潮。里下河地区的农业发展更有保障，造田的速度加快，湖沼地区的垛田系统逐渐完善。[④]

江苏盐区主要在苏北，苏北盐业生产的历史很悠久。江苏盐区以淮河为界，分为淮南盐场和淮北盐场。苏北范围内的盐区北起今连云港赣榆县，南至今盐城市的东台市，占江苏盐区的绝大部分。据现有记载，苏北早在战国时即已产盐。《史记·货殖列传》中有

---

① 李江浙：《大费育稻考》，载《农业考古》，1986年第2期，第232—247页。

② 闵宗殿：《江苏稻史》，载《农业考古》，1986年第1期，第254—266页。

③ 吴必虎：《苏北平原区域发展的历史地理研究》，载中国地理学会历史地理专业委员会《历史地理》编辑委员会编，《历史地理》（第八辑），上海人民出版社1990年版，第188页。

④ 吴必虎：《历史时期苏北平原地理系统研究》，华东师范大学出版社1996年版，第9—16页。

“彭城以东，东海、吴、广陵，此东楚也。……夫吴自阖庐、春申、王濞三人招致天下之喜游子弟，东有海盐之饶，章山之铜，三江、五湖之利，亦江东一都会也”。[①]

汉武帝元狩四年（公元前 119 年）是专门制盐的盐民产生的历史分界点。据《管子·轻重篇》记载，“孟春既至，农事且起……北海之众无得聚庸而煮盐。若此，则盐必坐长而十倍”。[②] 从中可见，春秋时并无专门从事制盐的盐民，制盐为农民所兼。汉武帝元狩四年，制定募民煎盐制度，官府为招募而来的民众提供煮盐工具，发给煮盐民众工钱。苏北专门制盐的盐民自此产生。[③]

漕运带动了苏北经济的发展，为部分地方百姓提供了农耕和制盐之外的生计依托。自先秦至隋代，里运河已经承担漕运、商运和军运的功能。[④] 隋代开皇七年（公元 587 年）在苏北平原大兴运工。大业元年（公元 605 年）又开邗沟。隋唐以后，里运河逐渐与外界形成了通畅、发达的水运网。扬州逐渐成为朝廷漕运枢纽。除扬州外，沿运河的淮安等城市迅速发展。在城市的下一级，集镇也发展起来，成为农产品和淮盐的集散地。不仅为外来商人提供了机会，也为本地人提供了经商的机会和被雇佣的机会。[⑤]

此外，苏北内陆地区水网密集，且临近海洋，淡水和海洋水产资源丰富，苏北先民有捕鱼的传统。秦汉时代，苏北境内的先民就已“以渔盐为业”。唐朝以后，苏北沿海已经形成了潮河口（今灌河口）、淮河口等多处自然海港，渔民、商人使用木帆船在近海捕

---

① 刘莹、陈鼎如：《历代食货志今译（史记平准书、货殖列传、汉书食货志）》，江西人民出版社 1984 年版，第 60—61 页。

② 管仲：《管子》，梁运华校点，辽宁教育出版社 1997 年版，第 220 页。

③ 资料来源：江苏省志网《江苏省志·盐业志》http://www.jssdfz.com

④ 吴必虎：《苏北平原区域发展的历史地理研究》，载中国地理学会历史地理专业委员会《历史地理》编辑委员会编，《历史地理》（第八辑），上海人民出版社 1990 年版，第 188 页。

⑤ 倪玉平：《试论道光初年漕粮海运》，载《历史档案》，2002 年第 1 期，第 93—98 页。

鱼，归港后泊船港内，居住在港的两岸。

综上可见，苏北百姓的原初生计是自足而有保障的。从唐代诗人高适的《涟水题樊氏水亭》便可看出苏北百姓自足的生活景象：

> 亭上酒初熟，厨中鱼每鲜。自说宦游来，因之居住偏。煮盐沧海曲，种稻长淮边。四时长晏如，百口无饥年。菱芋藩篱下，渔樵耳目边。[①]

二　变穷:落魄年代

南宋中期发生的黄河夺淮是苏北地区贫困化的历史开端。黄河自古具有善淤、善决和善徙的特点，但自东汉至北宋近千年之间，黄河夺淮对苏北平原自然地理、耕作系统的影响并不大。黄河夺淮持续时间最长、致害最为严重的一次，发生在南宋绍熙五年（公元1194年）。黄河在阳武（今河南原阳县）决口，从徐州冲入泗水，从淮阴注入淮河，在淮北平原一泻千里，抢占淮河的入海水道。自此至1855年黄河北徙，黄海夺淮达661年，导致苏北地区的自然地理环境、农耕体系和制盐业发生巨大的变化。

黄河夺淮引起苏北地貌、土壤和水系变迁，继而影响到农耕系统，表现为以下三个层面。首先，失去入海水道的淮河河水蓄积，导致大量农田的消失。其次，长时间的黄河夺淮使得苏北沿黄河形成了狭长的盐碱土带，使得原淮河两岸肥沃的农田变得贫瘠，不再适宜种植水稻，改为旱作。在里下河地区，农民为了避开洪泽湖秋季涨水，将双季两熟稻改为单季一熟稻，后来又将单季稻改为一熟旱籼稻。最后，黄河夺淮后，淮北地区成为“洪水走廊”。仅明万历三年（1575年）至清咸丰五年（1855年）的280年间，洪泽湖因洪

---

① 姚顺忠：《唐代诗人高适笔下的涟水》，载《江苏政协》，2009年第3期，第53—54页。

水溃决140多次，平均每2年发生溃决1次[①]。嘉庆年间（1796—1820），淮河每年都会决口数次。由于黄河水倒灌，洪泽湖水流不出，只得放五坝下泻湖水，盐城、兴化的民田成为“巨浸”。[②]

黄河夺淮后，淮南盐场逐渐衰败。1495年黄河全流夺淮，大量泥沙沉积造成苏北海岸线因此迅速东移。海岸线东移的结果是原盐场离海更远，卤淡盐薄。加上因湖淮屡屡溃决，淡水冲灌盐场，淮南原盐场渐渐不适宜制盐。盐场位置因此屡屡东迁，数量渐渐减少。[③]“树倒猢狲散”，灶户的生计因此难以为继。需要注意的是，虽苏北地区整体受灾严重，但苏北地区并不是因黄河夺淮受灾最为严重的地区。相比淮河中游地区，地处淮河下游的苏北地区有维持国家命脉的漕运和盐税[④]也因此受到中央政府的重视。可以说漕运与盐课在一定程度上减轻了苏北地区因黄河夺淮可能遭受的水灾。从1658年河南道监察御史史何可所说的一段文字中，我们也可看出国家治水政策中对苏北盐课的考虑：

> 险堤之外，为盐城等县，直达江都，每岁盐课百四十万，取给于此，若五险堤岸一决，则盐城尽被淹没，且并非一岁兴工可便补塞。国家几百万金钱，不可不重为考虑。[⑤]

进入19世纪，等待苏北地区的是更为糟糕的历史际遇。1824年至1855年，黄河水泛滥，大运河难以行船，大运河的漕运功能

---

① 数据来源：江苏省志网，《江苏省志·水利志》http://www.jssdfz.com

② 马俊亚：《被牺牲的“局部”：淮北社会生态变迁研究（1680—1949）》，北京大学出版社2011年版，第94—211页。

③ 凌申：《黄河夺淮与江苏两淮盐业的兴衰》，载《中国社会经济史研究》，2011年第1期，第11—17页。

④ 马俊亚：《被牺牲的“局部”：淮北社会生态变迁研究（1680—1949）》，北京大学出版社2011年版，第42页。

⑤ 马俊亚：《被牺牲的“局部”：淮北社会生态变迁研究（1680—1949）》，北京大学出版社2011年版，第42页。

逐渐被海运代替。咸丰五年（1855 年），黄河北徙，运道被黄河冲断，河运更加困难。清政府在外患内忧[①]之下已无力修缮，河运最终被取消。河漕衰败加剧了苏北地区的贫困，具体表现为三个方面。其一，大运河失去持续数千年的重要地位，苏北地区与大运河相连接的水渠堤坝得不到修缮，水系更为紊乱。上文中描述的富硕涟水，到同治年间的景象是“田滨河海，岁罹水患。无陂塘沟池之蓄，旱涝由乎天”。[②] 其二，苏北地区失去了作为交通和商业中心的重要地位，城市、集镇衰败。其三，苏北地区依漕运谋生的漕工、河工失去衣食所系。大运河衰败前，漕运所需全部劳役从大运河沿线的百姓中征召。沿线百姓被征召后，充当闸夫、浅夫、船夫、造船木匠、信使、护卫、坝夫，等等。[③] 清代的漕粮河运，每年大约需要六七千只船，每只船需要运丁、税收、纤夫以 20 人来算，漕粮河运可容纳十数万人。[④] 这其中一些人以船为家，以漕运为唯一生计。大运河的衰败，意味着这其中大量漕工、河工失去衣食所系。在《民国宿迁县志》中有此描述：

> 当河漕全盛之日，岁有修防，蝇集蚁附。……百货充盈。未技游食之民，谋升斗为活。[⑤]

民国时期战乱不息，苏北地区的水利灌溉系统非但没有获得修缮，反而因为战争遭到破坏，旱涝灾害更为频繁。从苏北各市县志书中可以发现，民国期间，几乎年年有灾，百姓生活苦不堪言。除自然灾害外，民国时期还发生一件人为灾祸——1938 年发生的花

---

① 外患为西方列强侵略，内忧为太平天国起义。

② 蒋慕东，章新芬：《黄河“夺泗入淮”对苏北的影响》，载《淮阴师范学院学报》（哲学社会科学版），2006 年第 2 期，第 230 页。

③ ［美］黄仁宇：《明代的漕运》，张皓、张升译，新星出版社 2005 年版，第 218 页。

④ 倪玉平：《试论道光初年漕粮海运》，载《历史档案》，2002 年第 1 期，第 93—98 页。

⑤ 王汉忠：《灾害、社会与现代化——以苏北民国时期为中心的考察》，社会科学文献出版社 2005 年版，第 107 页。

园口决堤。苏北邳县、宿迁、泗阳、淮安、淮阴等地相继被洪水淹没，受灾严重的地方十室九空。①

灾难迫使大量苏北人背井离乡，就食于江南。流入江南后，苏北人的生计维持方式主要有两种类型：一是在江南地区的乡村种田；二是在城市中做苦力。例如，民国二十年，金坛、溧阳的一项调查中，涉及佣农 364 人，其中本县人所占比例为 22.8%，苏北各县人占 61.8%，邻县人占 6.6%，其他省份人占 8.8%。② 在江南诸城市中，上海是苏北流民移居的主流。以 1931 年苏北发生的洪灾为例。据上海市政府相关部门估算，这次洪灾导致近 78045 名苏北难民流入上海。1937 年，涌入上海的 7.5 万难民中，苏北人占总数的 1/3 左近。③

苏北人在城市从事着最为底层的职业。男性主要从事黄包车夫、码头搬运工、扫垃圾工、拉粪工等职业。妇女主要从事工厂女工、女佣、缝纫等工作。低贱的工作、微薄的收入、衣着褴褛、居所破烂、操江北口音等特征的组合，使得包括苏北人在内的长江以北流民，在上海等城市或者江南的农村里逐渐成为一种次等地位的社会群体、阶层。被江南人喊为“江北人”、“江北佬”或“江北猪猡”，一种带有卑贱、低等意味的称呼。在江南地区，“江北佬”逐渐成为与“十三点”类似的用于侮辱人的措辞，骂一个人为“江北佬”、“江北猪猡”时，无论这个人是否来自江北，都意指这个人笨拙、鄙俗。

三　“更穷”：与财富一江之隔

新中国成立后，大量水利工程付诸实施，使苏北地区免于旱涝

① 潘涛：《民国时期苏北水灾灾况简述》，载《民国档案》，1998 年第 4 期，第 108—110 页。

② 王树槐：《中国现代化的区域研究——江苏省（1860—1916）》，中研院近代史研究所发行，1985 年版，第 453—455 页。

③ ［美］韩起澜：《苏北人在上海，1850—1980》，卢明华译，上海古籍出版社，上海远东出版社 2004 年版，第 38—39 页。

灾害。得益于良好的灌溉条件，苏北耕作系统逐渐修复，重新成为中国重要的粮食基地。苏北民众从此告别饥寒交迫的生活，实现了温饱理想。20世纪80年代家庭责任承包责任制实施后，农民的生产积极性被激发出来，农田单产提高，农副业剩余逐渐增多。勤俭的苏北人将这些经济剩余积攒起来，在20世纪80年代基本实现了拆草房、盖瓦房。富硕的土地、温饱的生活和坚固的房子是历代中国小农的理想。苏北再现繁荣景象。笔者在苏北经常听老年人忆苦思甜，感叹新中国成立以后灾害减少，生活比过去的地主家还要好。

20世纪80年代中后期，农村劳动力剩余的现象逐渐突显出来。随着20世纪80年代国家相关劳动力流动政策的放开，勤劳的苏北人再次谋食江南。再次踏进江南时，眼前的景象让他们为之震惊。这是因为在新中国成立后的数十年中，与苏北一江之隔的苏南地区发生了“一场静悄悄的革命”[①]，足以改变苏北人对家乡温饱生活的满足感受。

这场“静悄悄的革命”便是苏南乡村工业的快速发展。集体经济时期，当城市还在热衷于停产闹革命，其他地区热衷于“割资本主义尾巴”时，苏南乡村里悄悄地出现另一种形式的“革命”——创办社队企业，由公社或者生产大队集体开办企业。苏南社队工业起步于20世纪五六十年代，至70年代前后已经成为苏南乡村里一个基本事实。发展到80年代时，苏南乡村经济、社会结构已经普遍发生前所未有的变迁：工业总产值超过农业总产值成为主要的经济支撑；工业收入逐渐超过农业收入，成为农民家庭收入的主要成分；从事工业生产的乡村劳动力数量与从事农业生产的劳动力数量相当，一些地区乡村工业职工超过务农人员。以苏州农村为例，1985年有13000多个工业企业，平均每个村子有3—4个工业企业。1985年苏州市的乡村工业职工数达到109.9万人，占

① 沈关宝：《一场静悄悄的革命》，上海大学出版社2007年版。

全市乡村劳动力总数的41%。至1986年末乡村工业职工比例上升为50%。[①]

所谓“无农不稳”、“无工不富”，苏南与苏北相比，农民生活不仅有农业之稳，更有了增收致富的渠道。正当苏北人拆了草房盖瓦房时，苏南人盖起了楼房。像城市人一样在工厂上班，在农业外有丰厚的工业收入，不仅吃得饱而且吃得好，住着两层楼房，拥有各种电器——这便是苏北人再次踏入苏南所见到并为之震惊的。从表2—1，我们大致可以看出集体经济时期苏南与苏北地区县域队办工业之间的巨大差距。

表2—1　1963—1978年苏南、苏北个别县队办工业产值　单位：万元

县别 / 年份	江阴	盐城②	阜宁
1963	388	13	—
1966	3375	97	—
1969	2771	88	—
1972	2646	231	64
1975	6497	885	600
1978	13220	4073	4311

数据来源：《江苏省志·乡镇工业志》

从表2—2，我们可看到2000年前后苏南地区的人均国民生产总值数倍于苏北地区的人均国民生产总值，工业总产值的差距更大。在这样的经济背景下，大量苏北人流入上海、苏南等经济相对发达地区务工。苏北乡村中，男性劳动力外出务工，老人、妇女、儿童留守家乡的现象极为普遍。

① 潘涛：《民国时期苏北水灾灾况简述》，载《民国档案》，1998年第4期，第108—110页。

② 时为盐城县。

表 2—2　　**苏南、苏北主要经济指标（2000 年）**

经济指标 / 分市名称	国内生产总值（当年价，亿元）	人均国内生产总值（元）	工业总产值（当年价，亿元）
苏南合计	4814.84	22297	2345.96
苏州	1540.68	26692	790.83
无锡	1200.17	27653	629.41
常州	600.66	17635	301.99
南京	1021.30	18872	412.03
镇江	452.03	16967	211.70
苏北合计	1975.92	6288	685.43
徐州	644.50	7266	245.49
淮阴	291.05	5748	93.66
盐城	548.59	6904	187.42
连云港	291.13	6443	104.91
宿迁	200.65	3993	53.95

数据来源：《江苏统计年鉴》（2001 年）①

苏北人将生活体验中对财富的渴望融入了地方风俗。在民间传说和民俗活动中，我们常能看到一定历史时期中所积淀的大众理想表达。历史长河中饱受灾难的苏北人尤为重视“接财神”这一习俗。苏北乡贤印水心记载了苏北地区在民国时期接财神的情景：“初五，接财神。至暮，轰饮，曰财神酒”。② 而今，苏北百姓对接财神的仪式更为重视，接财神的仪式已经演变到“抢财神”。在苏北一些地方，村民们认为正月初五清晨谁家最早接财神，就会最先抢到财神爷。于是出现了这样的场景，很多户主正月初四晚上熬夜不睡觉，等到正月初五零点一到，点烛、敬香和放鞭炮来“抢财神”。

---

① 江苏省统计局官网：http：//www.jssb.gov.cn/jstj/tjsj/tjnj/《江苏统计年鉴—2001》电子版

② 印水心：《盐城乡土地理》，上海商务印书馆 1920 年版，第 12—26 页。

如今苏北村民们接和抢的财神爷不再是从前传说中的五路财神，而是一位“瘸财神”。笔者生于苏北，从儿时就经常听说这位瘸财神的故事：天庭里4位财神爷掌管江苏省的财富分配，其中有3位财神爷负责给苏南送财，只有1位财神爷负责给苏北送财。很不幸，在这则故事中，这位苏北财神爷还是个瘸子。瘸财神行动缓慢，权力和财力都不敌苏南的3位财神爷。所以，苏南富裕而苏北贫穷。从瘸财神的传说里，可以读到苏北人对自身处境的不满和对苏南富裕生活的渴望。

那么，为什么新中国成立后免于灾难并勤勤恳恳的苏北人只分得了一位“瘸财神”？为什么获得温饱的苏北人却“更穷了”？这不仅与苏北或苏南的区域背景相关，还与中国社会的宏观背景有关。中国自近代被西方工业国家打开国门以后，在图存或亡国的选择间逐渐走上了被迫现代化的道路，踏上了发展的“跑步机”。发展成为普世目标，发财成为民间的普世价值。国家、地方、民间百姓都在“跑步机”上拼命奔跑。苏南地区在中国相当于“领跑者”。这也就是苏北百姓获得温饱后，却还是感觉“穷”，以及在与苏南的相比下似乎比新中国成立前“更穷”的深层原因。苏北人温饱后“穷”和“更穷”，实际上是现代化语境下社会建构的“贫穷”。“瘸财神”传说的背后，是追赶现代化的隐喻。

四　“财神”来了

在变得“更穷”的苏北，发展工业、追赶苏南是地方政府和民间渴富百姓共同的目标。20世纪90年代末和21世纪初，苏北进入了大招商的新时期。这一时期，苏北各市、县、乡镇政府及全面出动，赴国内外发达地区招“财神”。经过各级政府的努力和投入，2000年前后苏北各市县支撑工业发展的基础设施条件日渐完备。加上省委省政府在财政上的“少取、放活”以及“真金白银”的大力扶持，苏北地区的投资环境大为改善。此时，面临土地、环境等多重压力的苏南亟须优化产业结构，转移占地多、污染重、劳动密集型的企业。苏北地区承接苏南企业转移可谓“万事俱备，只欠东风”了。

省委、省政府为了统筹全省各地区的经济发展，刮起了这阵强劲的“东风”。2001年省委省政府针对苏北地区制定了《关于进一步加快苏北地区发展的意见》（苏发〔2001〕12号）[①]，要求苏北地区加快工业化进程，快速提升GDP增速；利用地方优势，大力引进劳动密集型项目，实行“大中小、高中低并举”。省委、省政府成立苏北发展协调小组，负责协调和解决加快苏北发展中的重大问题。确定南京与淮安、苏州与宿迁、无锡与徐州、常州与盐城、镇江与连云港建立市级挂钩合作，在挂钩合作中引导苏南向苏北进行有计划地实施产业转移。

2005年4月3日，江苏省委省政府出台《关于加快苏北振兴的意见》（苏发〔2005〕10号），要求苏北地区创新招商引资方式，抓住南方资本梯度扩散的机遇，大力吸纳从广东、浙江、上海以及苏南等地转移的资本、产业和人才。4个月后的2005年8月，苏北发展协调小组《关于加快南北产业转移的意见》（苏政办发〔2005〕86号）出台扶持南北产业转移的政策措施，推动了大量苏南企业转移苏北。2006年9月15日，省政府发布《关于支持南北挂钩共建苏北开发区政策措施的通知》（苏政发〔2006〕1119号），对南北挂钩共建苏北开发区提出政策措施，通过苏南和苏北工业园区的对接、产业梯度转移，实现南北优势互补。苏南“腾笼换鸟”，苏北“筑巢引凤”，达成南北“双赢”。

在省委、省政府的政策“东风”下，苏北获得了一个千载难逢的发展机遇，坐等“接财神”。2005年和2006年是苏南企业向苏北转移的高峰时段。2006年，苏南五市向苏北地区转移500万元以上项目793个，项目总投资额281.1亿元，苏北实际引资额

---

① 苏北发展网：中共江苏省委、江苏省人民政府关于进一步加快苏北地区发展的意见 http://www.sbfz.gov.cn/zccs/zccs_ldjh9.htm

143.2 亿元，分别占苏北承接产业转移总数的 39.6%、31.7%、36%①。也就在 2006 年，苏北经济发生历史性的转折，财政总收入、人均 GDP 以及地方一般预算收入等主要经济指标增速均超过了江苏省的平均水平。从表 2—3 可以看出，2001 年至 2010 年 10 年间，苏北 5 市 GDP 总量保持了稳定的增长。2005 年稍有下滑，但 2006 年开始提速，自 2006 年至 2010 年增长速度均超过了 15%。

表 2—3　　苏北 5 市地区生产总值及增速（2001—2010 年） 单位：亿元

项目 年份	徐州		连云港		淮安		盐城市		宿迁	
	总量	增速（%）	总量	增速（%）	总量	增速（%）	总量	增速（%）	总量	增速（%）
2001	715.71	——	315.82	——	329.02	——	603.23	——	223.16	——
2002	791.44	10.6	350.15	0.3	375.02	14.0	673.26	11.6	247.03	10.7
2003	905.79	14.4	351.13	0.3	420.64	12.2	760.06	12.8	278.19	12.6
2004	1095.80	21.0	416.36	18.6	500.97	19.1	871.36	14.6	335.59	20.6
2005	1212.5	10.6	455.97	9.5	561.81	12.1	1004.90	15.3	375.93	12.0
2006	1428.80	17.8	527.38	15.7	651.06	15.9	1174.26	16.9	454.20	20.8
2007	1679.56	17.6	618.18	17.2	765.23	17.5	1371.26	16.8	542.00	19.3
2008	2007.36	19.5	750.10	21.3	915.83	19.7	1603.26	16.9	655.06	20.9
2009	2390.16	19.1	941.13	25.5	1121.75	22.5	1917.00	19.7	826.85	26.2
2010	2942.14	23.1	1193.31	26.8	1388.07	23.7	2332.76	21.7	1064.09	28.7

注：增长率以当年价格计算。

资料来源：《江苏统计年鉴》（2002—2011 年）②

这一时期的招商引资，既是苏北各市县经济结构调整的关节点，也是改变苏北内部经济强弱格局的良机，还是改变官员政绩和仕途的关键机遇。各地各级政府都希望有个好的开局，唯恐落后。于是，招商引资中出现了争先恐后、你争我抢的局面。可谓是

① 数据来源：苏北发展网 http：//www.sbfz.gov.cn/sbgk/sbjj_ 2006.htm

② 江苏省统计局官网：http：//www.jssb.gov.cn/jstj/tjsj/tjnj/

“群雄逐鹿”抢“财神”。

在此情景下，各地在招商引资中很快出现了恶性竞争的现象。恶性竞争的结果便是优惠条件“触底”。一些地方政府为了获得项目投资，往往在表面程序不违背国家土地政策规定的情况下，暗地里突破政策底线给予投资者更多优惠。税收优惠政策在招商竞争中达到了底线。除了地价和税收减免竞争外，最重要的竞争资本是环境准入门槛高低的竞争。“环境容量大”是苏北各市县招商竞争中反复强调的地区优势。苏北某县招商局负责人在苏南招商时直接表达，“我们地方环境容量大，环保指标用不了，直通大海，可以自然分解，环保上不收费用”①。

招商热情、触底竞争的背后隐藏了很多问题，为以后的经济社会发展和环境污染埋下了隐患。首先，早期的招商引资门槛低，对引进的项目在规模和类型上缺少选择，引入大量规模小、污染重的企业。其次，工业园区遍地开花，缺少规划。虽然这些化工园的前缀为“市、县、区、乡或镇”，但是这只代表它们各自的级别归属，而不是它们的地址。它们几乎都在苏北的乡村里，与河流相依，与农田相偎，与村庄相邻。环境污染的隐患，在招商之初便埋下了。

此外，在突破环境底线进行狂热招商的宏观背景下，除大量存在污染隐患的企业进驻苏北之外，本地亦有较多小型污染企业被催生出来。这些本地“小财神”与外来“财神”一起散布于苏北乡间，给苏北乡村环境造成严重的危害。对苏北乡间百姓而言，“财神”变成“瘟神”。

第二节 盐城其地

今盐城市下辖2个县级市、5个县以及2个区。据2010年的统计数据，全市土地总面积为1.7万平方公里，年末户籍总人口为

---

① 新浪网：苏南污染“出走”苏北？http://news.sina.com.cn/c/2006—01—19/14218914830.shtml

816.12万人，常住人口748.18万人。盐城市是江苏面积第一、人口第二的大市。2010年全市地区生产总值达到2332.76亿元，人均地区生产总值达到4556美元，财政总收入达到494.5亿元，由“十五”末的全省第十位上升至第七位，增速列全省第二位。[①]

在苏北5市中，盐城市的自然地理环境最为复杂和独特。其复杂之处在于辖区跨三个不同的平原类型：黄淮平原、里下河平原和滨海平原（沿海新垦区）。其独特之处在于拥有超过全省一半长度的海岸线和全省70%的滩涂面积。一个区域的自然地理环境与该区域的经济文化类型[②]密切相关。从盐城市的社会经济历史脉络中，可以充分看到两者之间紧密的关联性。

一　自然地理环境

从自然地理分区来看，江苏省长江以北地区大致呈“井”字形。北面一条横向的分界线为废黄河[③]。南面一条横向的分界线为

---

① 资料来源：盐城市政府门户网站 http：//www.yancheng.gov.cn/

② 经济文化类型的概念来自苏联民族学家托尔斯托夫等人提出的民族学概念，意指“居住在相似的自然地理条件下，并有近似的社会发展水平的各民族在历史上形成的经济和文化特点的综合体”。资料来源为：林耀华：《民族学通论》，北京：中央民族大学出版社1997年版，第79—88页。

③ 亦有以淮河古道或苏北灌溉总渠为界的分法。废黄河与历史上发生的黄河夺淮有关。淮河原为一条河道畅通、独流入海的河流，在涟水县云梯关（原属涟水县，现属响水县）入海。1128年（南宋建炎二年），黄河改道由泗水入淮河、济水分流入海。1194年（金明昌十一年），黄河主流夺淮，抢去淮河入海的水道。淮河原入海水道被称为淮河古道。清咸丰五年（1855年）黄河在河南兰阳（现兰考）铜瓦厢决口北徙。黄河北徙后，这条河道便废弃，后人称之为废黄河、故黄河或黄河故道。因此，在江苏北部地区，淮河古道与废黄河所指的地理位置大致相同，均可作为黄淮平原与江淮平原的自然分界线。

苏北灌溉总渠并非自然形成，为新中国成立初期修建，工程于1951年10月开工，1952年5月完工。苏北灌溉总渠是淮河洪泽湖以下人工排洪入海通道之一，又是引进洪泽湖水源为废黄河以南地区灌溉的引水渠道。苏北灌溉总渠现常被用作江苏省内黄淮平原与江淮平原的地理分界，以及南暖温带气候带和北亚热带气候带的分界。

本研究中，不使用苏北灌溉总渠这一现代人工工程为地理分界，使用淮河古道这一自然河道为地理分界。

通扬运河[①]。西面一条纵向的分界线为里运河[②]，东面一条纵向的分界线为串场河[③]。（此四河与江苏长江以北地区分区见图2—1）由北向南以废黄河和通扬运河为界，分为三个区域：黄淮平原、江淮平原和长江三角洲北岸平原；由西向东以里运河和串场河为界，分为三个区域：运西湖区平原、里下河平原和滨海平原区，其中运西湖区平原与里下河平原属江淮平原。

在苏北5市中，盐城市的自然地理环境最为复杂。苏北5市中，徐州、连云港、宿迁、淮安4市均属黄淮平原。盐城市辖区分为三块，分属于黄淮平原、里下河平原和滨海平原（见图2—1）。废黄河以北部分属黄淮平原，地势相对较高。废黄河以南、串场河以西部分属于里下河平原，总面积为4000多平方公里[④]。这一区域地势最为低洼，四周均为高地：东侧为串场河和范公堤，比里下河地区高出1—2米；南侧是沿江高沙地；西侧大运河河堤；北边是比里下河地区高出5米以上的黄河故道。因此里下河地区俗称"锅底洼"，在历史长河中是洪灾的重灾区。盐城市辖区中废黄河以南、串场河以东部分属于滨海平原区，总面积为7000多平方公里，约占全市总面积的一半[⑤]，历史上是主要的产盐区。

盐城市自然地理环境的另一个重要特征是在全省各市中拥有最长的海岸线和最广阔的沿海滩涂（见图2—1）。盐城市海岸线长

---

① 通扬运河，自扬州向东经过江都、泰州、海安等市县，再转向东南到南通入长江。通扬运河始建于西汉文景年间（公元前179—前141年），用以运盐，所以又被称为运盐河。资料来源：《辞海》（1979年版），"通扬运河"词条，上海辞书出版社，第1057页。

② 在历史上，在江苏中部江淮之间的运河曾被称为里运河，又称里河。自淮阴（原清江市）清江大闸经宝应、高邮至邗江瓜州。长170公里。修凿于公元前5世纪（春秋末期）。古称邗沟，为大运河最早修建的一段。解放前淮河经此入长江，汛期宣泄不畅，常泛滥成灾。解放后，修苏北灌溉总渠分泄淮河洪水。资料来源：《辞海》（1979年版），"里运河"词条，上海辞书出版社，第1964页。

③ 串场河，位于范公堤东侧，大体与范公堤平行。

④ 数据来源：盐城市政府门户网站 http：//www. yancheng. gov. cn/

⑤ 数据来源：同上。

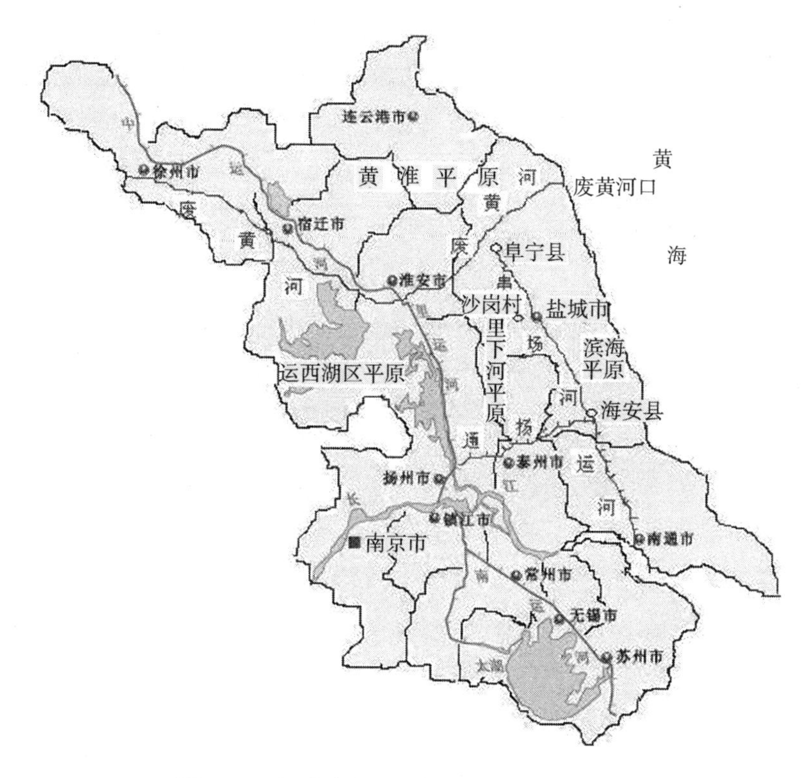

图 2—1　江苏省长江以北地区自然地理分区

582 公里，占全省海岸线总长度的 56%①。沿海滩涂面积 45.53 万公顷，占全省沿海滩涂面积的 70% 之多②。盐城市下辖的 2 个县级市、5 个县以及 2 个区中，2 个县级市和 3 个县濒临黄海。广阔的沿海滩涂中，拥有太平洋西海岸、亚洲大陆边缘最大的海岸型湿地，被列入世界重点湿地保护区。湿地保护区内建有国家级珍禽自然保护区和世界上第一个野生麋鹿保护区。

二　社会经济脉络

与苏北其他 4 市不同，历史上的盐城，经济结构以盐业为主、农业为辅，盐城也由此而得名。盐城地区早在战国时代即已产盐。

① 数据来源：盐城市政府门户网站 http://www.yancheng.gov.cn/

② 数据来源：同上。

汉武帝元狩四年（公元前119年）置盐渎县，设盐铁官署管理盐铁生产。这是盐城置县的开端。当时的盐城遍地盐场，运盐河四通八达。盐渎县的“渎”字，意为运盐的河沟。至晋时，盐业越加繁荣。东晋安帝时，盐渎县改名为盐城县，因环城皆为盐场而得名。当时盐城县域内有盐亭123所。唐代，设盐城监，年产盐45万石。[①]

宋代初年，海陵（泰州）监辖盐场8所，境内有虎墩场[②]、梁家垛场，共有亭户（灶户）718户，亭丁（灶丁）1220人。盐城监辖盐场9所，分别是五佑（今伍佑）、紫庄（今刘庄）、北八游（今白驹）、南八游（今草堰）、丁溪、竹溪等盐场，共有亭户924家，亭丁2048人。[③] 宋真宗年间（998—1022年），盐城监年产盐41.7万石。宋嘉祐年间（1056—1063年），盐城监所辖盐场略有减少，辖伍佑、丁溪、草堰、白驹、刘庄、新兴、庙湾（今阜宁）7所盐场。[④]

南宋黄河夺淮经盐城境内入海，如前文所述，泥沙大量沉积导致海涂东移。卤水渐远且卤淡盐薄，产盐量渐渐减少。加上黄河夺淮导致湖淮频繁溃决，洪灾频频发生，盐场的正常生产受到影响。从表2—4可以了解清末黄河北徙、漕运改道时期苏北部分县区各灾害类次中洪涝灾害的发生频率，几为两年一灾。若加上卤潮倒灌、旱灾等，几乎岁有灾害。虽然直至清末，境内11座盐场未变，但到宣统年间（1908—1912年），境内11座盐场年产盐量仅10.8万吨。

---

① 数据来源：盐城市地方志编辑委员会：《盐城市志》（中），南京：江苏科学技术出版社1998年版，第884—885页。

② 今东台市富安镇，现属盐城市辖范围。

③ 数据来源：盐城市地方志编辑委员会：《盐城市志》（中），南京：江苏科学技术出版社1998年版，第874—875页。

④ 数据来源：盐城市地方志编辑委员会：《盐城市志》（中），南京：江苏科学技术出版社1998年版，第884—885页。

表 2—4　1736—1911 年盐城县、阜宁县和东台县洪涝灾害年次表

县名	所属水系	176 年洪涝次数（次）	洪涝复现周期（年）
盐城[①]	里下河水系	88	2
阜宁	里下河水系	98	1.79
东台	里下河水系	65	2.71

数据来源：水利电力部水官司、水利水电科学研究院《清代淮河流域洪涝档案史料》。转引自王汉忠《灾害、社会与现代化》（社会科学文献出版社 2005 年版），第 96 页。

因卤水减淡，范公堤以东地区逐渐废灶兴垦。清朝末期，一些灶民为求生存，在范公堤以东垦殖，虽然收成欠佳，但十倍于煮盐。民国初期，实业家张謇首先在范公堤以东废灶兴垦，创办盐垦公司。地方士绅、官僚买办和民族资本家纷至沓来，兴办水利设施，在沿海 400 多万亩的滩涂上开荒发展棉垦，先后创办起 63 家盐垦公司。但因常遭遇海潮侵袭和卤水倒灌，一般亩产皮棉 10 公斤左右，麦子 50 公斤左右，民众的生活极为贫困。如民国十七年（1928 年）发生海啸，范公堤以东的沿海垦殖区庄稼全部失收。[②]

范公堤和串场河以西的里下河地区与沿海新垦地区相比，土壤条件更好，但地势低洼，常年遭受洪涝灾害，亩产粮食也只有 100 公斤左右。遇到大灾年份，颗粒无收。以民国二十年（1931 年）的水灾为例。在新修的《盐城市志》中，对此次水灾的记载为："秋，大水，运河东堤的南关坝、南关新坝、车逻坝开放，运河决口 20 余处，西水下注，范公堤西庄舍淹没，平地水深数尺，城镇

① 时为盐城县。至 1983 年实行市管县体制时，才撤销盐城县，设立地级市盐城市。历史上盐城县的地理范围大致包括今盐都区部分与建湖县部分。

② 资料来源：盐城市地方志编辑委员会：《盐城市志》（上），南京：江苏科学技术出版社 1998 年版，第 572—608 页。

街道行船。"[1] 据相关资料统计，此次导致苏北地区淹没田亩超过3200万亩，房屋毁坏近90万间，受灾人数653万有余，死亡人数15773人，庄家颗粒无收。[2]

盐业和农业均失去保障后，与苏北其他地区一样，盐城地区中大量百姓背井离乡，流向江南地区谋生。以1946年的数据为例，1946年近5.9万名苏北人到上海的赈济难民委员会办事处登记，其中大多数来自今盐城地区。[3] 从流动时节特征来看，有三种不同的流动类型：冬闲季节型、洪水季节型和常年型。民国《续修盐城县志》中有相关记载：

> 江南各埠海通以来，竞事逐末，其乡村下县经洪杨乱后，户口未复，力食者稀。由是邑人往南者如水趋壑，秋禾既登，提挈而往沪（上海）、（无）锡、嘉善，人逾数万；苏（州）、湖（州）、常（州）、润（镇江），并盈千百。男子引车操舟，行佣转贩；女子缫丝纺绵，补绽浣洗，麦熟乃返其家；无恒产者辄留而不归。[4]

如前文所述，苏北人流入江南后从事最为底层的职业，盐城人也不例外。民国时期上海人力黄包车车夫主要为苏北人，盐城人占较大比重。比如，20世纪30年代，上海人力黄包车夫的人数为80万左右，其中90%是苏北人，大多来自盐城和阜宁（现为盐城辖

---

① 资料来源：盐城市地方志编辑委员会：《盐城市志》（上），南京：江苏科学技术出版社1998年版，第30页。

② 王汉忠：《灾害、社会与现代化——以苏北民国时期为中心的考察》，社会科学文献出版社2005年版。

③ ［美］韩起澜：《苏北人在上海，1850—1980》，卢明华译，上海古籍出版社，上海远东出版社2004年版，第38—39页。

④ 赵赟：《近代苏北佣妇在上海的规模与处境》，载《史学月刊》，2010年第8期，第102—108页。

区）地区。[①②] 民国时期有关上海人力车夫籍贯的调查表明，盐城县、东台县（现为盐城辖区）和阜宁县人占了绝大多数（见表2—5）。[③]

表2—5　　上海市304名人力车夫籍贯

籍贯	人数	籍贯	人数	籍贯	人数
盐城	124	东台	91	阜宁	46
泰县	14	江都	4	高邮	3
宝应	2	江浦	2	宿迁	1
通州	1	泗阳	1	淮安	1
海州	1	宜兴	2	上海	1
山东掖县	3	临邑	2	1	济南
湖北	1	不详	3		

新中国成立后，经过土壤改良和灌溉系统的整修，盐城区域内的农业经济获得快速恢复，但是工业发展滞后。在20世纪80年代和90年代，盐城市与苏北其他地区一样，招商引资人员零散、效率偏低。90年代末到21世纪头几年，盐城市招商引资工作迅速制度化、组织化。市政府以其一贯强有力的动员能力和动员方式，发动起市直机关和县乡政府“运动式”招商。招商、找项目成为各

① 韩起澜经过研究发现：作为一个新的移民城市，上海经济界精英明显是按照籍贯来划分。经济界中江南人的地位大大优越于苏北人。后来进入上海的移民的职业流向，与同籍贯的经济界精英有紧密关系。江南移民有一个可以帮助他们找到优越工作岗位的同乡网。苏北则相反，可以利用的同乡关系，让苏北人流向拉黄包车一类的岗位。当时上海的苏北人经济精英领袖顾竹轩，人称为“苏北皇帝”，原籍阜宁县。1901年苏北大饥荒时逃亡到上海谋生，以拉黄包车为业，靠勤俭节约攒下积蓄后盘下车行。后逐渐成为苏北著名的帮会首领，对苏北难民大量进入拉黄包车行业有较大的帮助。

② ［美］韩起澜：《苏北人在上海，1850—1980》，卢明华译，上海古籍出版社，上海远东出版社2004年版，第57页。

③ 上海社会局：《上海市人力车夫生活状况调查报告书》，载《社会半月刊》，1934年第1期。转引自马俊亚《近代江南都市中的苏北人：地缘矛盾与社会分层》，载《史学月刊》，2003年第1期，第95—100页。

级政府、各个部门、各级干部工作的第一要务。招商热潮从此开启，招商引资工作力度前所未有。

2002年可谓是盐城市“招商引资年”。9月和10月市政府组织42个部门赴7省16个市开展招商活动，举办投资说明会。同时，组织招商引资小分队45批，洽谈项目100个。2002年，盐城市成立市招商局，以招商引资小分队的形式赴香港、广州、深圳、温州、上海、河北和北京等地开展招商活动。与此同时，市政府通过招商任务层层分解，给市直80个部门单位分配招商指标。为保证招商引资目标顺利完成，招商局起草拟定了《盐城市直机关招商引资目标责任制度考核办法》，制定了《市直机关招商引资工作督查办法》，以此督查市直机关招商引资工作的完成情况。可谓“运动式”招商。高效动员的招商引资“运动”取得了骄人的成果。2002年全市引进市外资金83.96亿元，比2001年增长近50%。其中，引进国内市外资金70.18亿元，外资1.66亿元。东台、响水、滨海和阜宁等县（市）当年引进市外资金都超过了10亿元。截至2002年底，80个市直部门已洽谈项目50个，涉及投资18亿元，在谈未定项目100多个①②。

2002年亦被盐城市委、市政府定为全市7个县（市、区）的“项目推进年”。全市累计实施固定投资2000万元以上工业项目156个，比上年净增加94个。总投资规模达到了81亿元。同时，几乎每个乡镇都有自己的工业园区，盐城市全市建制乡镇138个，乡镇工业园区达146个。2002年这146个乡镇工业园区完成工业投资34.36亿元，新入园企业686个。③ 2002年“运动式”招商引

① 数据来源：薛偶，徐城生主编：《招商引资管理，开展招商活动》，《盐城市年鉴》，方志出版社2003年版，第304页。

② 数据来源：薛偶，徐城生主编：《2002年盐城市招商引资成果》，《盐城市年鉴》，方志出版社2003年版，第12页。

③ 数据来源：薛偶，徐城生主编：《工业经济》，《盐城市年鉴》，方志出版社2003年版，第208—225页。

资开启了好的势头，接下来的几年里保持了较好的招商战绩。

除了上述招商活动和成果，从社会的很多方面都能感受到盐城市招商的热情。县（市、区）、乡镇挂起了振奋人心的经济赶超目标的牌子、招商功臣的照片。比如“奋斗四年全面达小康，争先苏北跃进前八强”、“投资者是上帝，引资者是功臣”、“某市十大招商功臣”，等等。工业园区挂起了经济发展功臣企业的牌子。报纸专门开辟“招商引资宣传专栏”，报道招商引资的成功项目、成功经验、突出人物和传奇事迹等。电视台举行“十大招商人物”电视颁奖晚会，遴选招商成绩突出人物，由市领导颁奖。甚至连盐城市区的道路名称都能让人感受到招商求发展的热情和发展的雄心：开放大道、开发大道、世纪大道、希望大道、飞驰大道，等等。

地方政府利用盐城市濒临黄海的自然地理环境特征，在招商引资中大打环境容量牌。在招商实践中，“环境容量大”也确实成为盐城市招商引资中的竞争优势。以一家浙江湖州化工企业的迁移路线为例。南方化工的总公司以生产通信电缆起家，2003 年该公司收购的一家化工研究所研制出一种农药中间体，决定进军化工业。一开始，他们决定选址于聚集同类企业的台州，但是遭到台州环保局的拒绝。而正在此时，盐城市各县区的招商人员都主动找上门，希望南方化工到各自的化工园区去投资。最终南方化工以享受土地 1.2 万元/亩，税收两免三减半，基金全返的优惠条件落户盐城市响水县一生态化工园[1]。正是拒绝的南方化工的台州，在接下来的两年里，淘汰了一些规模小、污染重的企业。这其中一些企业也紧跟着南方化工的脚步，在盐城的化工园找到了安身之地[2]。

如上文所述，2002 年时盐城市全市仅乡镇工业园区达 146 个，超

---

① 新浪网：一个贫困县的选择 http：//news. sina. com. cn/c/2006—01—19/14218914829. shtml

② 新浪网：中国污染迁徙路线图 http：//news. sina. com. cn/c/2006—01—19/14218914828. shtml

出了全市建制乡镇的数量。这些工业园区一般选址在集镇附近的乡村，与村民的农田相邻，一些工业园区只有一两个小企业。因此，造成了企业布局散、乱的状态。这些小企业本身无心且无力于环保，加之企业分散，无法集中处理污水，对周边乡村造成环境污染成为必然。

第三节　沙岗村概况

沙岗村隶属于盐城市盐都区大台镇，地处里下河腹部。（见图2—1）1983年实行市管县体制，盐城县撤县设市，原盐城镇成为盐城市城区，区域乡镇为盐城市郊区。1996年盐城市郊区被撤销，设盐都县。2004年盐都县撤县设区。现盐都区辖区内面积1046.0平方公里，人口71.39万。辖大台镇等8个镇、3个街道办事处、7个社区、盐都新区及盐城职教园区。改革开放以来，盐都区经济快速发展。2011年，盐都区生产总值303.98亿元，财政总收入79.63亿元。2011年实现规模以上工业主营收入516.43亿元，规模以上工业增加值129.73亿元，年销售超2000万元工业企业突破300家。城镇居民人均可支配收入21124元，农民人均纯收入11350元。工业发达、全面小康的愿景，正化为现实。①

盐都区属里下河平原地貌单元。平原上还分布有残存的古沙堤，俗称“沙冈”。境内土壤分为水稻土、沼泽土两大类，其中水稻土分布面积最广，占耕地面积90%以上。境内河网密集、纵横交错。所有河流分属淮河流域、里下河水系。客水从西南入境，向东北流出。境内主要河流为蟒蛇河，边缘河流为串场河。蟒蛇河源于区境大纵湖，到九里窑与新洋港相连，干流为自然河流，支流主要有朱沥沟、东涡河、冈沟河等，流域面积约640平方千米，覆盖区境大部分区域。② 蟒蛇河为盐城市区居民最主要的饮用水源。

---

① 资料来源：盐都区政府门户网站 www.yandu.gov.cn/

② 同上。

大台镇地处盐城西郊，与盐城市区距离 10 公里左右。位于串场河以西，属里下河地区。始建于隋唐时代，史称“千家居”、“冈门镇”。因镇北绵延 7.5 公里的沙岗而得名。这个古老的集镇在秦汉时期就已兴盛，成为盐、铁、鱼和粮的集散地。百姓生活自足稳定。省道盐淮路、盐兴路穿境而过；蟒蛇河、盐宝河横贯东西，水陆交通便捷。

今大台镇下辖 1 个社区、1 个街道办事处、1 个果树良种场（市果树良种场），共有 34 个行政村（居、管理区）。辖区面积 96.83 平方公里，人口 96920 人。2011 年累计实现年地区生产总值 43.96 亿元，财政一般预算收入 12416 万元。2011 年人均纯收入 14605 元。大台镇是盐都区的工业强镇。先后被评为“和谐中国·全国百佳历史文化名镇”、“中国乡镇综合实力 500 强”、“江苏省文明镇”、“苏北五十优乡镇”以及“盐城市重点镇”等荣誉称号。① 就工业结构来看，在 2009 年之前，化工产业占到较大比重。据镇政府行政人员介绍，化工产业的年税收为 3000 万—5000 万元，占镇工业年税收的 1/3。

沙岗村位于镇区西侧，与集镇距离 5 公里左右。沙岗村为自然村，属于沙沟村行政村，现为沙沟村的第 12 生产队。据 2012 年笔者的调查统计，沙岗村中有农户近 70 户，近 300 口人。全村总耕地面积将近 300 亩，人均耕地面积将近 1 亩。沙岗村工业不发达，为传统农业村庄。临近蟒蛇河、五支河，村内小河网发达。村民沿河而住（见图 3—1）。灌溉便利，农田中的农作物种植以稻麦轮作为主。勤劳的村民将河堤也利用起来，种植一点油菜供自家吃油，或者种一些蔬菜。家周边的零碎土地上也种一些蔬菜，一部分自家食用，另一部分拿到附近的镇上销售。

沙岗村与盐城市区仅 10 公里左右的距离。近十多年，盐城市区快速发展，大兴土木，沙岗村中的中青年男劳力不再到苏南等地

---

① 资料来源：盐都区大台镇政府门户网站。

打工，一般在盐城市郊的建筑工地上找活，年轻妇女在乡镇或市区工厂上班。中老年人在家种田，年轻人基本脱离农业耕作。以沙岗村村民薛女士的家庭为例，了解沙岗村一般农户的家庭经济收入情况。薛女士一家总人口为5人：薛女士夫妇，儿子儿媳，以及一个正在读小学的孙子。经济收入情况如薛女士所述：

> 我们老人在家种田还行，年轻的不能在家种田，都上班。男劳力在盐城市里打工，瓦工和钢筋工的工钱是150块/天。妇女在盐城市里打工，一般80块/天。我儿子在盐城市里打工，一天150块。我老公年纪大了，挣110块一天。儿媳妇在厂里上班，一个月1000块。我在家里种田。我家共计五六亩田，分了几十年了，没有调过。种稻子和麦子。我今年全部种的晚稻。晚稻高产一点。早稻单价1.3—1.4元/斤，晚稻单价1.4元/斤，高一点。除去留下自家的口粮，差不多种两季只赚一季。一亩田种得好管理得好赚1000块。（2011年10月，村民薛女士访谈录）

年轻夫妇具有稳定的非农业收入后，往往在附近的镇区和盐城市购买商品房，不在村中居住。因此，村中空巢家庭居多，中老年人居多。也因此，村民翻新或改建房屋的积极性很小。村中大多数房屋为老式砖瓦平房，老式楼房有2幢，新式楼房仅1幢。老式砖瓦平房包括主屋和附屋。被村民们称为“大屋”的主屋一般为三间，中间客厅、东西两间卧室。附屋分为两间，外间为厨房，里面一间储放农具、杂物。主屋和附屋均以青砖为主要建材。这样的房屋一般建于20世纪七八十年代，据今20—30年之久。村民杨女士家是这类家庭中典型。

> 年轻的都盖房子、买房子走掉了。村里面大部分是我们这些老人。像我儿媳妇他们嫌我们这个房子脏。这个房子还是二

三十年前盖的，那个时候这样就不错了，那时房子都仿照这个样子。

我今年57岁。我有两个儿子，一个孙子，一个孙女。孙女是大儿子家的，10岁。孙子是二儿子家的，5岁。大儿子家在镇里，二儿子家离这块也有几十里路呢。两个儿子都做的苦工作。大儿子做油漆工，一天150块钱，苦呐，有气味，伤身体呢。我们两个老的在家里种点米给他们吃。他们要吃米就回来拿。也有时候，我家的爹爹（丈夫/老头子）把米轧得现成的，给他们送去。（2012年7月，村民杨女士访谈录）

第三章　情理与法规：乡村社区与污染企业间的互动

群众是无知的，没有法律意识，
只知道他生产对我们的生命、财产带来威胁。
——沙岗村村民上访《诉状》

不管是招来的、接来的还是抢来的"财神"，名义上是进了各级工业园区，实际上它们大部分是进村了。如同村民们大年初五"接财神"一样，迎接这些未到、可能到和将到的企业"财神"也需要大量的准备工作。从圈地、征地、园区基础设施建设开始，苏北乡村工业发展开始与村民们发生联系。村民们出让土地、协助基建，迎接"财神"进村。在污染企业进村之初，村民们往往并不知晓企业生产经营的内容和即将造成的污染。而当各地村民陆续发现这些企业具有污染危害时，污染企业以小、散、乱的形式散布于乡村已成既定事实。受害村民与致害企业之间的长期博弈，围绕着污染问题逐步展开。

第一节　厂子进村

在沙岗村的村口，有几间旧房子。这几间旧房子曾几易其主，并在2001年换了一位新主人——古老板。立义化工厂自此进村，生产经营氯代醚酮①、工业氯化钾、结晶氯化铝及双氧水等工业原料。立义化工厂进村后，企业主古老板与沙岗村村民各有期待，但是他们各自的期待注定势不两立，不能两全其美。

一　村口的旧房子

沙岗村的村口有几间旧房子，其历史可以追溯到30多年前的人民公社时期。20世纪70年代前后，苏北地区少有工业，农业生产是绝大部分村民生计的唯一依托。兴建水利工程、开河引水灌溉是保障农业生产的头等大事。20世纪50年代，苏北地区的水利建设重点是挡潮、防洪和排涝。在此期间，与沙岗村水系相通的新洋港上建起了挡潮排洪闸。20世纪60年代至70年代，苏北地区的水利工程建设以河网化为中心。冬闲季节，村民们被公社组织起来开挖大小河、沟、渠。得益于此，沙岗村及其周边地区逐渐形成圩田沟网。开河挖出了大量泥土，沙岗村的村民们利用这些泥土在村口的晒谷场盖起了几间公用房。这是村口几间旧房子的最初由来。

新挖的生产河、村口的房子、沙岗村庄和农田的空间位置关系，见图3—1。沙岗村隶属的沙沟行政村内新开挖了7支生产河。其中东西流向的生产河有5支，见图3—1中的生产河1—5。南北流向的生产河有3支，见图3—1中的图A—C。近70户的沙岗村民沿生产河1和生产河A居住，包括生产河1南侧的东西向的庄子和生产河A西侧的庄子。生产河1北侧的庄子则是另一个村庄，名为小尖村。在沙岗村的村口，也就是生产河2和生产河A交汇的一块高地，便是沙岗村的场头，新造的公用房在场头上。村庄的农田分布在生产河之间。水流从西南流进，从东北流出。东西流向的生产河水最终向东北经过镇

① 氯代醚酮，分子式$C_{12}H_{14}CL_2O_2$，中文别名1—（4—氯苯氧基）—1—氯—3，3—二甲基—2—丁酮；1—（4—氯苯氧基）—3，3—二甲基—1—氯—丁—2—酮。主要用作医药中间体，也是生产三唑系列农药的原料。资料来源：化工词典网 http：//www.chem960.com/cas/57000—78—9.html

区北侧与镇化肥厂相邻的河流 L，汇入串场河，经新洋港河，最终入黄海。

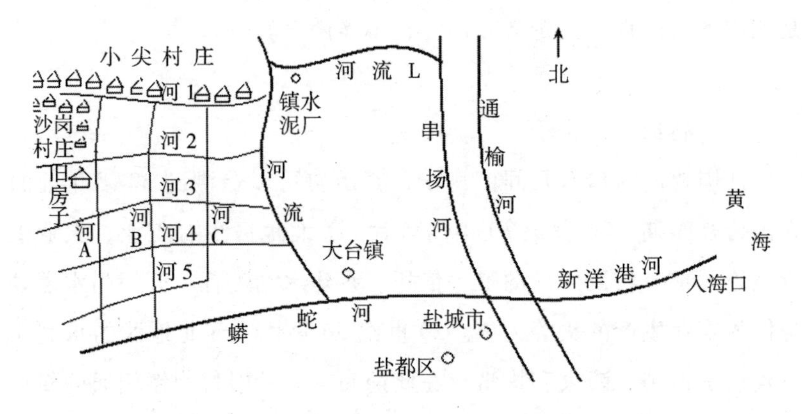

图 3—1 场头的房子、村庄、农田、河流位置

村民们至今习惯将这些旧房子称为场头的房子。场头的房子盖起来以后，用于储放粮食、生产队干部办公和组织村民集体活动，成为沙岗村的经济和政治中心。因此虽场头的叫法直接源自晒谷场，但场头在村民心中的意义并不局限于晒谷场。一方面，场头是生产队晒谷、存谷和分谷的场所，寄托着村民对吃饱肚子的期望。另一方面，场头是生产队干部向村民传达上级政府信息、分派生产工作的场所，承载了村民对政府的信任。此外，场头在村民的表达中不仅会意为场头所在的地方，还包含了经济组织、集体组织的意思。至今村民们谈起场头时会说，“我在场头做过队长”，“我在场头当过会计”，“场头上的事情”。

20 世纪 70 年代，沙岗村有史以来第一次有了工厂，场头的公用房自然被用作厂房。自此，村口场头的几间公用房不仅仅与沙岗村的农业生产、政治和社会事务相关，还与沙岗村的工业发展紧密相连。70 年代初，沙沟行政村里的其他几个生产队已经开始尝试集体企业，唯独沙岗村还没有动静。当时沙沟行政村的书记是沙岗村里的郑先生。郑书记的父亲恰巧刚从乡镇化工厂里退休回村，带回了生产技术。郑书记便萌生了动员沙岗村办厂的念头。郑书记与父亲、族里的叔伯弟兄以及几个能干的村民商定办厂之后，开始动员村里的其他村民。办厂的设想得到了全体村民的赞同。村集体投入部分资金，另一部分资金为沙岗村的社员集资。郑书记家投得最多。

沙岗村的化工厂办起来之后，主要生产硝酸钾、氯化铵。工艺简单，产品畅销，工厂一办起来就取得了喜人的经济效益。据村民回忆，年效益达到了三四万元。每年工厂上交一部分利润给村集体，其他部分用于扩大投资。郑书记在任的4年内，化工厂赚了十多万元。村干部和村民都切身感受到了发展工业的甜头。当年村民周永龙在化工厂里做事，他回忆说：

> 那时候我们沙沟村有5个小组，沙岗村是其中一个小组。这个化工厂是我们沙岗村或者说小组里办的。郑书记的父亲是个退休工人，懂技术。回来之后我们就一起办这个厂。最初的资金是集资的，集体拿出一部分，社员集资一部分。郑书记家里投得最多，大概是5000块钱。那时候5000块钱很可以呢。厂子办起来以后把我弄了去一起干，我跟他们是家里兄弟。我们当时有干劲，想共同把厂办好。因为厂能赚到钱，我们社员就有钱。那时候一年厂里也能赚几万块钱呢，可以的。厂里每年要上交一部分利润给村里。（2012年7月，村民周永龙访谈录）

20世纪80年代，郑先生卸任村书记后，沙岗村的化工厂开始走下坡路。在郑书记之后，左先生担任村书记，接手沙岗村化工厂的管理工作。左书记在任期间，化工厂正常运作了五六年，但是经济效益一般，不亏损但少有利润。在左书记不幸患上肝病之后，沙岗村的化工厂陷入无人管理的境地，于是停办了几年。用村民的话说，“瘫了几年”。

20世纪90年代是苏南社队工业的鼎盛时期，各种各样有关苏南社队工业的传奇故事传到了苏北。此时颇有雄心的申先生开始担任村书记。申先生一上任便着手恢复沙岗村瘫痪数年的化工厂。沙岗村的村民们也重新燃起工业致富的热情。场头又恢复了往日的热闹。但事与愿违，申先生管理沙岗村化工厂的七八年中，效益每况愈下，最终以亏空三十多万元收场。沙岗村的村办企业自此画上了一个令人充满遗憾的句号。场头的热闹气氛不再，伫立于场头的几幢公用房再次空了下来。

20世纪90年代末，经过地方政府的招商引资，逐渐有外地老板到大台镇投资。沙岗村里也来了一位外地老板。沙岗村的村民们已经记不清这位外地老板来自无锡、上海还是浙江，总之来自江南。老板将厂址选在沙岗村的场头，租用了场头那几幢旧房子，并新建起几幢新的厂房和办公房。苏北的村民向来对江南来的老板颇有好感，沙岗村村民也不例外。于是他们将工业致富的期望重新寄托在这位江南老板身上。江南老板生产经营的内容亦属化工，但是没有对沙岗村造成明显的环境危害和社会危害。一些村民在这位江南老板的厂里上班，在农业生产之外获得了一份额外的经济收入。可惜好景不长，不过两三年的功夫，这位江南老板因经营不善而亏损。场头上这些新建起来的厂房被抵押给银行，沙岗村的公用房又一次空了下来。

二 旧房子有了新主人

2001年，场头旧房子来了位新主人，是在沙沟村小有名气的古老板。古老板出生于1962年，高中文化。原是与大台镇邻近的龙湖镇人，结婚成家时入赘做上门女婿到了与沙岗村同属一个行政村的另一自然村。所以在古老板到沙岗村办厂之前，沙岗村的村民基本认识他。这不仅仅因为他是村里的女婿，还因为古老板有着传奇发家史。这也是古老板小有名气的主要原因。

古老板的父母是普通的农民，家中兄弟姐妹较多、开支大，与一般农户相比家庭经济更为困窘。古老板资质聪明，读到高中毕业[①]。高中生在当时农村是不多的，所以他在村里已算是知识精英了。从学校毕业回来后，进了乡镇里一家砖瓦厂上班。当时的砖瓦厂是集体企业，因为改革开放前工人具有较高的政治地位和“旱涝保收”的稳定收入，进砖瓦厂并不容易。据说，古老板的父母狠狠心，用尽积蓄疏通关系才使他获得了进厂的机会。进砖瓦厂后，他当了几年的泥工，用村民的话说是“装烂泥夹砖头的”，较为辛苦。

改革开放激发了人们经商办厂的热情，头脑灵活的古老板看到了商机。改革开放提供了宽松的市场经济环境，在国家政策的鼓励下逐渐有人“下海”。面对机遇，绝大多数依然是求稳的。放弃“旱涝保收”的稳定工作下海的往往是一些有勇有谋的人。当时的古老板仅20岁左右，贫困的家境、艰苦的工作都迫使他比一般人更敏感于致富的机会。经过一段时间的观察，他发现次氯酸钠等化工产品供不应求，便动念辞职下海，自己办企业。

1983年前后，古老板果断从砖瓦厂辞职，自己创办化工厂。因为缺少周转资金，起初的经营非常艰苦，甚至发不出工人工资。经过十多年的艰辛经营，古老板的化工厂的效益越办越好，规模越办越大。上交地方的税款不断地增多，从一年十多万元逐渐提升到几十万、百万元。古老板从当地人眼中的“穷工人”变成了“老板”，成了地方政府的财税大户。与此同时，20世纪80年代以后的普通农民在家庭承包责任制的政策激励下，铆足了劲经营责任田，少有人想到冒着各种风险出门闯荡，“老板”在苏北农村里是罕见的。古老板一下子成为村里的名人，“有本事”的人。一方面，他的传奇发家史为一些村民熟知，艰苦创业的精神曾为村民传颂。

---

① 对于古老板的文化程度，沙岗村村民看法较有意思。因为笔者进入沙岗村做田野调查时，古老板与村民的矛盾已经激化，村民的话语中对古老板富有浓重的贬损意味。谈及古老板的文化程度时，有较多村民坚持认为古老板的文化水平一般，没有读完高中，为初中水平；有一些村民认为古老板是小学文化程度，“斗大的字不识几个”；还有一些村民认为古老板并没有上过学、读过书，“原先是个不识字的农民”。

古老板能吃苦。以前是一个穷工人，在窑厂装泥。后来开始做小化工，慢慢地就做得大了。（2011年10月，村民黄尚明访谈录）

他很有创业精神，很能干，从一点点大的小企业做到这么大也不容易。（2011年10月，沙沟村书记甘先生访谈录）

但另一方面，古老板身上一些有违传统乡村道德价值的品性不为村民接纳，比如偷窃、不孝、精明、小气。村民周永龙回忆说：

这个人老早以前在砖瓦厂工作，做搬运工。在砖瓦厂的时候，他像个痞子，会盗窃，小偷小摸的。他发达了以后，连家里的老父亲都不养。他有没底（用不完）的钱，但是父亲叫他买包香烟吃吃他都不给。这是亲老子啊。所以古老板这个人不仁义的。家里的弟兄关系不好，他的哥哥碰到我都说他这个人坏呢。（2012年7月，村民周永龙访谈录）

村民周育才是镇食品站退休人员，在他看来古老板这种“小偷小摸”、“投机倒把”的品性本身“遗传”自他的父亲。

他招女婿到我们村有30多年了。以前在窑厂装烂泥夹砖头的。在厂里是个坏头子，偷过人家不少东西。他的爸爸以前在外面坑蒙拐骗，给人家婚姻介绍所做介绍，就是个媒人骗子。（2012年7月，村民周育才访谈录）

在村民们的价值体系中，一个人发达了应该对同村人有所帮助，对村庄有所贡献。在这方面，古老板也是一个特立独行的人。有关他拒绝帮助龙湖老家村庄的事情在当地广为流传。

古老板发达以后，他原来在的那个村的书记来找他，想让他给村里出一点钱做做善事。他很小气的，给了一两千块钱把人家打发了。他们本村可以说没有一个人喜欢这个戾（品性不好的人）。（2012年7月，村民周育才访谈录）

2000年前后，因为地方政府的大力支持，化工产业在苏北地区获得了较好的发展空间。在宽松的环境中，古老板获得扩大生产的机遇。2001年，他在外地成功洽谈一项年产500吨氯代醚酮项目，并于2002年5月经过市环保局审批建设。生产规模进一步扩大，急需新的厂房。古老板看中了那位江南老板在沙岗村场头留下的空厂房，便从银行将这几幢空厂房转手，用来生产氯代醚酮。与村干部协商后，古老板将场头的闲置的公用房一并租了下来。立义化工厂由此诞生。

虽然村民们听闻古老板有诸多不良品性，但大家一开始没有反对他进村办厂。立义化工厂的进入没有事先通知村民，所以直到2002年初古老板带着工人在场头修整厂房时，村民们才知道他要过来办厂了。在当时的大招商的背景下，大量企业进入苏北乡村。沙岗村村民如苏北地区的其他村民一样，渴望有企业到村中发展，给他们带来增收的机会。集体企业的挫败、江南老板的短暂生存，使得沙岗村村民更渴望有新的企业进入。虽然古老板精明小气，但毕竟是本地老板，与外地老板相比更深得村民的信任。村民们得知古老板要进村办厂时是喜悦并满怀希望的。此外，因为古老板在自家所在的自然村中办厂数年没有出现过污染问题①，并且古老板告诉村民们工厂将要生产的是化妆品，村民们没有产生环境污染的担忧。立义化工厂就此在沙岗村顺利落户。

三　各有期待

与远在城市的工业相比，立义化工厂之所以受村民欢迎，还在

① 在化学物质次氯酸钠的生产过程中，无明显环境污染。

于这类乡村工业往往更符合农村人的需求。首先，从企业技术要求层面看。城市工业一般为技术密集型企业，需要工人经过专业的培训。乡村工业之所以可以远离城市在乡村落户，很大程度是因为其生产经营本身不需要非常专业的技术，为劳动密集型企业，普通村民经过简单培训后就可以上岗。所以，乡村企业本身与村民更为亲近。

其次，从村民的时间安排来看，"离土不离乡"[①] 的兼业方式对于村民来说更为适宜。城市工业远离乡村，村民如果在城市企业谋得工作机会，便需要长期住在企业里或者企业附近，以便于上下班。相反，乡村工业往往就在村庄里，村民可以骑摩托车、自行车甚至步行上下班。不但可以在家中吃住，还可以在下班时间干农活。对一些农村家庭来说，这一点尤为重要。与此同时，在城市中谋生对于村民来说背井离乡，陌生的环境、新的人际圈、不同的行为规范，需要村民花费较长时间适应。而在乡村工业谋生不存在这一系列问题。因此，可以说沙岗村村民对立义化工厂的期待不仅仅是一份额外的经济收入，而且是一份与乡村生活更为契合的经济收入。也因此，当立义化工厂招工时，沙岗村村民踊跃报名。

作为一名实干多年的企业主，古老板的期望是获得更多的利润。因此，村民们的期望本不是他在沙岗村厂区投产的初衷，只是企业附带的社会贡献。对一般的乡村工业而言，村民的期望与企业主的期望是可以同时达成的。但是在投产之初，古老板便清楚他的期望与村民的期望不能同时达成，因为他清楚地知道氯代醚酮的生产将会造成环境危害。正因为这样，他在投产之初欺骗村民其生产产品为化妆品。在各自不同的期望下，立义化工厂与沙岗村村民间埋下了纠纷隐患。

---

① 费孝通：《小城镇在探索（之三）》，载《瞭望周刊》，1984 年第 22 期，第 23—24 页。

第二节　纠纷初起，村庄“审判”

正所谓“做贼瞒不得乡里，偷食瞒不得舌齿”，立义化工厂刚在沙岗村投产，污染问题便败露了。受害村民要求村干部出面处理此次污染事件。最后，由村干部出面调解，双方达成互不妨害、相安无事的协议。

一　气体泄漏，村庄“审判”

虽然立义化工厂年产500吨的氯代醚酮项目在2002年5月才经过市环保局审批建设，迟至2004年8月才通过验收，但是在2002年开春，立义化工厂的氯代醚酮项目便开始投产了。在刚刚投产的第三天，就因操作不慎导致有害气体泄漏。如图3—1所示，立义化工厂的南侧和西侧紧邻农田，北侧和东侧与村民的农田仅一河之隔。有害气体泄漏将周围大小麦子烧黄，对村民造成了经济损失。更让村民对化工厂的生产项目产生怀疑，担忧日后立义化工厂会对他们造成更严重的影响。

事发后，沙岗村的村民们开始商量如何处理这件事情。商量了三四天，村民们决定找村干部解决。于是，农田受影响的村民们互相喊到一起，来到村部。到村部时，村委会主任甘先生刚好在值班，村民们便向甘主任反映农作物受害的情况，担心地向甘主任询问立义化工厂具体的生产产品和将来会不会造成污染等。但出乎村民预料的是，明明早已得知立义化工厂气体泄漏事件的甘主任推却说自己不知情。村民们要求甘主任与他们一起到工厂周边了解农田受害情况，甘主任也一再拒绝。因为不了解立义化工厂生产的具体情况，并且没有与古老板深入接触过，村民们一时难以决定怎么直接与古老板交涉。虽然在甘主任这里碰了钉子，大家坚决要求由村委会出面协调纠纷。

最终，在村民的坚决要求下，甘主任喊上村里其他几位村干部以及生产队长，与村民们一起来到了立义化工厂，找古老板解决此事。因为来的村民比较多，甘主任担心协商不顺利会发生冲突，要求村民选出几名代表参与协商。古老板对村民的态度比较好，向村民解释这次是试产，事故的发生是因为工人操作不慎引起。古老板做出保证：赔偿村民损失，以后不再出现类似的事情影响村民的农业生产和生活。见古老板态度诚恳，村民们答应不再深究此事，给予立义化工厂继续生产的机会，但同时村民强调：如果立义化工厂再有此类现象发生，必须立即停产。口头协议就此达成。

> 这个厂过来之后，第一批生产的第三天，就出了问题。生产的时候闸门没有关好，不知道是氯气还是氯气与苯酚一类的东西发生反应以后的气体泄漏出来了。河南面和河北面的庄稼都枯萎掉了。群众就担心了，找村里，村里面出面调解了。古老板说这次是试产，他作了保证说以后不会污染。（2012 年 7 月，村民周江耕访谈录）
>
> 自从今年开春以来，村支书未经与社员协商，将立义化工厂的新产品——氯代醚酮引进原环保化工厂——也就是沙岗原场头生产。通过短期的修、装、整治，这座化工厂在无环保部门任何手续的情况下进行生产。才生产第三天就因操作不慎，导致氯气泄露，将周围的大小麦子烧黄。他所用的工人大部分不识字。事发三四天，我队全体社员到村里，请示村里处理这件事。……商量结果是给厂方一个机会。如果下次再有此现象发生，就不允许厂方生产。（沙岗村村民上访《诉状》）

实际上，绝大部分村民并不了解立义化工厂生产的工艺，无法预期未来企业生产是否会产生污染。更不了解立义化工厂的经济、技术能力是否可能避免环境污染。化工生产工艺处在沙岗村村民的认知盲区。乃至现今，村民们描述此次事故时，有些人认为氯气泄漏了，有些人认为是“氯气与苯酚一类的东西发生反应以后的气体泄漏”，有些人则认为是氯代醚酮泄漏了。村民同意立义化工厂继续生产，并不是基于对工厂生产工艺的了解，而是基于对古老板承诺的信任，基于乡村道德中“言而有信”的基本道德规范。

二　相安无事：乡村社会的纠纷调解

简单的纠纷调解背后，蕴藏着深厚的社会基础。从上文叙述，我们可以发现此次污染纠纷的处理具有以下几个方面的特征。首先，此次纠纷在乡村社区内部获得解决，没有借用乡村社区之外的力量。其次，纠纷通过调解的方式解决，而不是通过司法或者其他途径解决。最后，互不妨害、相安无事的调解结果是村民、村干部和企业主共同认可的。那么，为什么污染纠纷发生后，村民找村干部解决纠纷？为什么调解而不是诉讼被认为是合理的纠纷解决方式？为什么互不妨害、相安无事的调解结果是大家认可的？回答这些问题，我们首先需要了解传统中国乡村社会纠纷解决的一般途径及其依据的价值。

1. 调解：乡村社会纠纷解决的传统方法

传统社会的伦理安排重视社会关系和谐，但民间纠纷在任何社会都是不可避免的。传统乡村社会纠纷的解决有两个一般性的途径。其一，乡村社区内依礼调解；其二，通过诉讼由官府调解或依法听断。在中国传统社会，“皇权不下县”，村落为自治社区，乡村社区内的调解是纠纷解决的主要途径。乡村社会中如果有人做事不合情理，与他人发生纠纷，一般由年老有德的长者或乡绅依“礼”教化调解。教化性调解目的不仅是解决纠纷，更在于通过教化纠正不合礼数的行为，对他人形成示范性的教育作用。最终目标是将人的行为规制在礼数范围内，保证乡村社区的长治久安。正因为大部分纠纷在乡村社区内通过调解便可解决，中国传统乡村社会被认为是“无讼”[①] 的，“讼师”和“讼棍”没有好名声。

① 费孝通：《乡土中国生育制度》，北京大学出版社 1998 年版，第 48—58 页。

当纠纷调解不成而上升为诉讼时，往往会因为乡间的加劲调解而解决。黄宗智对清代社会的研究为此提供了实据。在清代社会的历史资料中，纠纷解决的第一步是亲邻调解，调解不成才会有打官司。但是进入官府并不意味亲邻调解就此停止，相反亲邻会因此更积极地调解。诉讼当事人也会因为自己闹得严重了，影响了村社和睦，撤回诉讼。因此纠纷往往在正式堂审之前就解决了。[①]

地方官吏也常常倾向于通过乡间或官府调解以息讼，不伤乡间和气。清乾嘉时期的官吏汪辉祖在其吏治笔记中便有此类记录，“可息，便息宁人之道。断不可执持成见，必使终讼，伤闾党之和，以饱差房之欲”[②]；“勤于听讼，善已。然有不必过分皂白可归和睦者，则莫如亲友之调处。盖听断以法，而调处以情。法则泾渭不可不分，情则是非不妨稍借”。[③] 因此，地方官吏也常常促成纠纷在乡村社区内调解，或者由官府调解来解决。

简言之，传统中国乡村社会中村落为一个自治社区，发生纠纷后村民、地方精英乃至地方官吏都具有通过调解息事宁人的偏好。绝大多数在乡村社区内通过调解获得解决。

2. 相安无事：纠纷调解的目标

为什么乡村社会中的解决纠纷时具有调解偏好？除却调解程序简单、符合传统和一般做法、不伤财且不伤和气的原因，最根本的原因是中国传统社会中社会秩序的终极理想是和谐、相安无事。因此，在纠纷处理中，相安无事自然成为纠纷处理的目标，调解而不是将事态扩大化的诉讼则是达到这一目标的最佳途径。

---

① 黄宗智：《清代的法律、社会与文化》，上海书店出版社2001年版，第5—9页。

② ［清］汪辉祖：《佐治药言》，载赵子光释：《一个师爷的官场经》，九州图书出版社1998年版，第12页。

③ ［清］汪辉祖：《学治臆说》，载赵子光释：《一个师爷的官场经》，九州图书出版社1998年版，第111页。

中国传统文化的核心是和谐。[①] 首先，和谐理念体现在儒家学说中。在《论语·学而篇第一》中有“礼之用，和为贵；先王之道，斯为美。小大由之。有所不行：知和而和，不以礼节之，亦不可行也”。[②] 大意是说：礼的应用要以和谐为贵，古代君主的治国方法，可贵之处就在这里；但是为和谐而和谐，不注意用礼来节制，也是不可行的。可见，儒家学说尤为重视社会和谐，并尊崇礼，一种基于礼的社会和谐是其终极目标。

其次，对和谐的追求也体现在人们的日常行为准则当中。儒家文化的核心可用“礼”或“名分大义”[③] 来概括。所谓“礼”，简单来说是指行为规范。这一规范不仅仅通过儒学的意识形态化得以在社会中强化，因为儒学思想本身取自民间宗法家族的伦理纲常，因此民众对“礼”的服膺更大程度上是自然养成的。用“名分大义”来解释这种社会行为规范更容易理解。所谓“名”，是指人与人之间的关系类别，比如君臣、父子、兄弟、父亲、朋友等。所谓“分”，是指与“名”相对应的责任、义务。“大义”是指“名分”中的要旨。所以“名分大义”简单来说就是《礼记·礼运》中所说的“人义”，即“父慈、子孝、兄良、弟悌、夫义、妇听、长惠、幼顺、君仁、臣忠”。[④] 如果人人依据“名”做到自己的本分，那么人与人之间可以做到彼此相安，乡村社区内的社会秩序也因此得以和谐维持。

因此，在传统乡村社会，如果有人不依此行事，破了规矩，挑起矛盾，坏了和睦，必然要受到谴责。乡村社区中对矛盾、纠纷教化调解，也必然是以纠纷双方关系回归和睦、相安无事为基本的目标。

---

① 曹德本：《和谐文化模式论》，载《清华大学学报》（哲学社科学版），2000 年第 3 期，第 1 页。

② 孔子：《论语全鉴》，东篱子译，中国纺织出版社 2010 年版，第 14 页。

③ 辜鸿铭：《中国人的精神》，李晨曦译，上海三联书店 2010 年版，第 19 页。

④ 张树国：《礼记》，青岛出版社 2009 年版，第 101 页。

从以上对传统乡村社会中教化调解及其纠纷调解目标的论述，我们大致可以领会为什么沙岗村村民在污染纠纷发生后，倾向于寻求乡村社区内的调解并且最终达成相安无事的调解结果。那么为什么在污染纠纷发生后，村民们不在乡村社区内找年老有德的人与立义化工厂交涉或调解，而是经过商量后找村干部解决纠纷？

3. 村干部：连接传统与村庄公共权力的纠纷调解人

新中国成立后，随着国家权力的下沉，村干部成为村庄公共权力的核心，对村庄公共事务具有决定性的权力。[①] 新中国成立后，村庄公共权力体系发生了很大变迁。基于长幼有序文化基础的“长老统治”[②] 被作为“封建残余”受到批判和摒弃。士绅、长老不再是乡村权威。与此同时，在新政权中，大队干部——队长和党支部书记成为村庄公共权力的核心。大队干部往往是新政权组织的各项革命运动中的积极分子，因得到上级领导的赏识被选拔为大队干部。[③] 因此其权威直接来自于新政权的绝对权威，来自新制度的赋予，而不是基于传统文化的权威。20 世纪 80 年代初，人民公社制度改为乡（镇）村体制。生产大队改为村民委员会。按照 1982 年中国修订颁布的《宪法》第 111 条规定“村民委员会是基层群众自治性组织”，领导班子由村民选举产生。但需要注意的是村委会不同于传统社会中的地方自治组织。首先，在实际的操作过程中，村民选举常常被虚置。其次，虽然村委会与乡镇政府的关系是指导与被指导的关系而不是行政命令关系，作为上级的乡镇行政有足够的办法和资源让村主任服从。[④] 因此，即使村委会由村民选举产生，村委会在实践中不一定代表村民的利益。加之，村委会主任与村党支部书记是同一个人的情况大量存在。所以，村干部而不是

---

① 于建嵘：《岳村政治》，商务印书馆 2001 年版，第 349—351 页。

② 费孝通：《乡土中国生育制度》，北京大学出版社 1998 年版，第 64—68 页。

③ 张乐天：《人民公社制度研究》，上海人民出版社 2005 年版，第 85—87 页。

④ 贺雪峰：《新乡土中国：转型期乡村社会调查笔记》，广西师范大学出版社 2003 年版，第 171—175 页。

全体村民是村庄公共权力的核心。

与此同时，与传统乡村自治社区中的长老相似的是，在处理村内事务或者村庄与外界的事务时，村干部熟知地方规范[①]。村干部与其他村民一样，生长、居住在村庄里，是乡村社会的一员。在其自幼成长和成年后的村庄生活中，逐渐将乡村社会内的社会规范、道德价值内化为其个人价值体系的一部分。与其他村民一样，对乡村社会中“以和为贵”、教化调解等传统具有自然而然的认同。村干部从普通村民上升为乡村社会事务的管理者之后，有较多的公共事务需要与村民打交道，并承担了一部分村内纠纷处理的工作，这些都促使村干部理解、熟知村民的价值观念和处事方式。因此，在处理事务时，村干部可以做到利用地方知识调处村内事务，或将地方知识传递给外界。

正是基于这样的背景，沙岗村村民在发生污染纠纷后，经过集体商量决定找村干部处理；村干部在处理污染纠纷时能够做到遵从村庄传统，通过调解使纠纷双方相安无事；村干部和村民对于这一调解结果的认可，更是因为乡村社区内具有“以和为贵”及不扩大矛盾、不惹是非的传统文化基础。

除此之外，从污染纠纷解决的空间层面来看，此次污染纠纷得以在乡村社区这一空间内部解决，是基于这样一个重要的社会条件：作为污染受害方的沙岗村村民认为这件事是村庄内部的事情。也就是说，村民认为立义化工厂的厂长古老板是沙岗村这一乡村社区内的一员，应当受到社区内的社会规范、道德价值标准的约制。村民这一认知的形成是因为古老板是本地人，是同属一个行政村的另一自然村的上门女婿，理应受到本地乡村社会规范的约制。因此，在他们看来，古老板与他们之间的污染纠纷由本村的村主任来调解也是理所当然的。

---

① 苏力：《送法下乡——中国基层司法制度研究》，北京大学出版社2001年版，第33页。

第三节　背信弃义，纠纷升级

2002年初春发生的污染纠纷得到了圆满的解决。在理想的情况下，此次事件之后，立义化工厂继续受到乡村社区内社会规范和道德价值的约制，不再排污侵害周边村民。但是，接下来发生的事实很快证明，立义化工厂可以逃脱乡村社区内的社会规范和道德价值的约制而生存。这着实给沙岗村村民上了一堂新“课”。

一　偷排隐秘显露

协议达成后，立义化工厂继续生产经营。因为资金上的限制，古老板只能使用落后的设备，污水和废气的外排不可避免。为了避免与村民的纠纷再次发生，古老板对生产程序的要求更为严格，对类似于上次气体泄漏的现象严格控制，污水的排放也做得较为隐秘，避免看得见的污染证据。但是不管怎样，显在的空气污染是瞒不住周边村民的。浓烈而刺鼻的气味虽然没再对农田产生明显的影响，但是影响到了村民的日常生活。村民为此充满怨言：

> 我们要从化工厂边上的路上进出（村庄）。经过那里鼻子要捂起来，不能闻。有时候，我们家里的窗户不能开。过路的人也说，我们这个地方不能待，毒性太大了。你想想看，气味有多大。(2011年10月，村民薛女士访谈录)
>
> 连窗户都不敢开。热天窗户不能开，家里面热死了。特别是早上的时候，门一开，那个气味太大，就不能闻。(2012年7月，村民杨女士访谈录)
>
> 他这个厂的气味太浓了。夜里睡觉都要把门窗都关得死死的。在以前，夏天的时候，晚上我们一般开窗户睡觉。但是他这个氯代醚酮弄了之后，我们必须要关门关窗睡觉，不然在家里就咳啊、喘啊，气味太难闻。大热天的时候，关着窗户多难

受。(2012年7月，村民周永龙访谈录)

2002年立夏后，进入了水稻种植的播种期。沙岗的村民们同往常一样做好了秧池田，可是不知什么原因，秧苗的生长与往年相比显得迟缓。一个偶然的机会，老汉邹先生发现了立义化工厂厂房后侧枯草覆盖下的排水沟，看到污水外流的现象。邹先生脑中闪过一个念头，将污水与秧苗生长迟缓的现象联系起来。邹先生家还在不远的鱼塘里养了鱼，他推想污水对秧苗有影响，那么可能危害到自家的鱼塘。邹先生忧心忡忡地跑到厂区，找古老板质问其为什么将污水偷排到生产河里。古老板坚决不承认污水有害，更不愿与邹先生理论。邹先生是个急性子，几句话不投机，与古老板争吵起来。面对古老板的冷漠和坚决，邹先生一气之下拿起桌子上的茶杯摔到地上。邹先生回忆当时的情景时依然带着很强烈的愤慨：

我说有毒，他说没毒。死不承认，拿他没有办法。这个人就是一痞行，根本不把我们群众放在眼里。(2012年10月，村民邹先生访谈录)

让邹先生始料不及的是，这一摔（杯子）摔出了祸端。此时的古老板，用村民的话说是“有钱了，腰杆子就硬了”，已经不再是当年的“穷工人”。邹先生这样的庄稼汉对他谩骂和不敬让古老板很气愤，决定给邹先生一点教训，同时杀鸡儆猴，让其他村民不敢来找他的麻烦。古老板拨打了110向镇派出所报警。镇派出所接到报警后，派人来拘捕邹先生。邹老汉一辈子没有受过这样的羞辱，又恼又恐。沙岗村村民们相互间住得靠近，知道消息后都赶了过来，阻拦派出所的工作人员带走邹老汉，邹老汉这才逃过一劫。事后，村里议论开了。派出所来村里抓人对沙岗村村民们来讲，无疑是一件很严重的事情。村民们没有料想到古老板对待同村人如此不仗义，对他产生了不满。

村民们都指望着这一年的水稻能有个好收成，每天盯着自家田里秧苗的长势。但这年的秧苗枯黄不长，追肥和打药对秧苗的长势改善也很有限。有些田块，秧苗出现枯死的现象。这种情况在过去没有碰到过，这些种了一辈子田的庄稼汉无计可施。一些村民发现靠近立义化工厂的田块里问题更为严重，怀疑是受了立义化工厂的影响。但是以前没有碰到这样的情况，没有确凿的证据，再加上秧苗长势不好也有可能是这批稻种有问题，村民们没有因此去找古老板。

到了6月底7月初，天气干旱，沙岗村里的河水越来越浅。细心的村民们发现河水出现了异常，水面泛起了泡沫，水体颜色变成了红色。河水被打到田里灌溉时，也显出淡淡的红色。这种现象很不正常，在立义化工厂进入之前从来没有发生过，他们猜想是立义化工厂排放污水造成的。但经过了上次邹先生与古老板争吵遭拘捕的事情之后，村民们不敢因此贸然跑到厂里找古老板争论。几个文化水平稍高的村民商量着出去买pH试纸回来检测河水。用试纸测试后，河水呈酸性，确认河水受到了化工厂的污染。水稻生长迟缓的问题也得到了解释。事情很快在沙岗村里传开了，立义化工厂偷排污水在村里不再是隐秘。

有了污染的证据之后，为了避免村庄遭受更多的损害，沙岗村的村民们决定采取行动要求立义化工厂按照之前的约定停止生产。7月11日，沙岗村的大部分村民集中起来，一起走到场头的立义化工厂门外，要求立义化工厂按照上次协议停产。邹先生、周维成带着几个胆大的村民把立义化工厂的下水沟填堵了起来。古老板不理会村民的要求，既不承认排污，更不承认排污对田里的秧苗生长造成了影响。

> 河水打到田里有污染，去找他，他偏说没有污染。气味不能闻，去找他，他偏说没有气味。不是他没得鼻子，他就是死不承认。你有什么办法对待他？（2012年7月，村民朱老人访谈录）

几位村干部，听到了这个消息赶了过来。但是这一次，村干部没有站到村民一边谴责立义化工厂，也没有为古老板说话。见古老板态度强硬，村干部不帮忙说话，村民们虽愤愤不平，但无计可施，便慢慢散了，各自回家了。村民刚走，古老板便吩咐工人将下水沟清理好，继续生产。

> 为了确保我们的利益不受损失，于7月11日，群众又集中到厂房要求其停止生产，并将通往河里下水沟填掉。谁知社员刚走，厂方就将下水沟清理好，继续生产。村干部在场都没有劝其停产整治。（沙岗村村民上访《诉状》）

第二天上午，得知古老板把下水沟清理好了，村民们又喊在一起来到场头，要求化工厂立即停产，停止向生产河里排放污水。周维成带来铁锨，又一次把立义化工厂的下水沟填堵起来。不管村民怎么叫骂，古老板始终没有出面与村民对话。到了中午时间，村民们还没有见到古老板，只好各自回家了。除了气恼，村民们还有些许沮丧。他们意识到古老板对他们并不“买账”：虽然古老板是本大队的人，化工厂在村里生产，但是不受村民意见的约束。

下午，村民们发现警车到村里来了，知道古老板又报了警。村主任甘先生也在其中，为派出所工作人员带路，来到了周维成家。原来古老板报警说周维成带头影响工厂生产，派出所准备拘捕周维成。村民们恼怒了，聚集起来拦住警车，不让派出所把人带走。村民人数众多，派出所为此增派了警力（村民认为后到的那些人并不是联防队员，而是地方上的流氓地痞）。村民们义愤填膺、毫不示弱，坚持认为古老板排污影响村里的秧苗在先，填堵他的下水沟是应该的，没有道理因此逮捕村民。双方僵持不下。村民们对村干部提出要求，必须找相关政府部门来检测河水和秧苗，如果古老板的化工厂不存在污染问题，秧苗并非受其影响，便允许立义化工厂生产；如果立义化工厂存在污染问题，必须按照上次的约定停产。

村民的要求合情合理，村书记申先生在村民们的压力下，找来了环保、植保等与此相关的权威部门。环保和植保部门通过对立义化工厂的检查、河水的检测，发现立义化工厂确实存在污染问题，责令其立即停产整顿。

二　企业复产，村庄“审判”的尴尬

立义化工厂停产，村民们为此欢欣鼓舞。但是这一欣喜未能持续多久。8月初，村民们得知立义化工厂经过整顿之后，将要恢复生产。村民们的情绪再次沉重起来。古老板不履行协议、报警拘捕村民的行为，已使村民们普遍对他失去了信任。加上村民们了解古老板之前偷窃、不孝、精明、小气的品性，担心工厂复产后还会发生污染问题。因此他们商量好坚决反对立义化工厂复产。8月初的一天晚上，村干部分成三组，挨家挨户地找村民签字同意立义化工厂复产，绝大部分农户都没有在这份材料上签字。

> 事隔半个多月，村里（村委会）又想了一个点子。要求村民在一份材料上签字，大意是：因厂方操作不慎，导致氯气泄露，致使农作物受影响；环保部门责令其停产；现厂方要求整改；整改后请环保部门和群众代表一起验收合格方可生产。于8月初的一天晚上，分三组进行签字。由于绝大部分农户没有签字，村里找有关人员对村民施加压力。（沙岗村村民上访《诉状》）

接下来的几天，村干部在沙岗村召开了几次群众会议，几位乡镇干部参加群众会议。会议的内容是向村民解释立义化工厂经过整顿，设施和技术已经达到国家要求，可以做到废水达标排放。会议目的则是要求村民签字同意立义化工厂复产。村民们态度坚决，不同意立义化工厂复产。一些村民则提出，他们并不是反对发展工业，但如果立义化工厂一定要恢复生产，请求镇政府将其搬到其他地方，不允许再待在沙岗村。村民的反对情绪强烈，几次群众会都未能达到镇、村干部预期的效果。

之后要恢复生产，群众不同意，村里面帮着开群众会议，协调这个事情，动员群众同意他恢复生产。是在场头东边的夹巷子里开的这个会议。镇里的干部和我们村里的干部都来了，意思上这个厂还是要办。我们组里的群众要求把这个厂搬掉，不接受这个厂在我们这块，不准它生存。群众会就开不下去了。(2012年7月，村民周江耕访谈录)

几天群众会议之后，村干部分组到村民家中做思想工作，晓之以理，动之以情，并以影响工业发展向村民施压。村民们仍然不肯同意签字。在村干部与村民沟通的微妙过程中，村民们与村干部之间形成了隔阂。私底下，大部分村民们认为村干部这么帮着立义化工厂，是已经被古老板买通了。

村委会支持他（古老板），他有钞票嘛！（2011年10月，村民黄先生访谈录）

村干部支持他（古老板）。这个厂开在这里，社员得不到一点好处，村干部捞到好处。(2012年7月，村民朱老人访谈录)

村民周维成与村书记申先生走得较近。一天，周维成跑到了村部找申书记，想从申书记处了解立义化工厂整改后的真实情况，能否完全消除废气、废水，达到不外排的程度。因为如果完全不外排，对村民生活没有影响，那么村民的反对程度也便低得多。不知申书记从哪里得来的消息，实话告诉周维成他的看法：立义化工厂要是这么做，连生产燃料的钱也出不起。周维成暗地里将信息告诉了关系亲近的村民，结果一传十、十传百，村民们都知道了。村民们认为村干部完全不顾及他们的基本生活。

村干部对此事有不同的看法。当时的沙岗村委会副主任甘先生认为村民不理解村干部，他们实际上没有权力关停立义化工厂：

> 对于我们村委会来讲，也是以化工为支柱产业的，这个已经形成历史了。没有一个村委会有权力将一个企业关闭掉，必须是执法部门或者是政府部门才有这个权力。作为群众，他们都不理解为什么村委会不帮助他们让这个企业停产或者关闭，但是作为我们村一级干部来讲，我们没有这个执法权力。
>
> 对我们来说，只知道他（立义化工厂）是化工厂，不知道他生产什么。他的手续齐全，环评什么都有。老百姓不了解这个情况，埋怨我们村委会。老百姓都认为我们村委会得了古老板多少好处，实际上我们与他没有关系。（2011年10月，沙岗村主任甘先生访谈录）

从甘主任的话语中，我们可以了解到在当时村干部对立义化工厂生产的工艺、可能的污染都是不了解的。在他们看来，既然立义化工厂的整改已经通过环保、安检等各个部门的验收，那么污染隐患可能是不存在的。加上来自镇里干部的压力，村干部只能想尽办法动员村民再次接纳立义化工厂。从村干部自身来说，他们也是一个矛盾体。一方面村委会干部是村民的代理人，村干部自己也生活在村里，与村民频繁打交道，他们并不愿意与村民产生矛盾。但另一方面是政府权力延伸至乡村的执行者，是上级的代理人，得罪上级对他们未来的发展来说极为不利。并且如果沙岗村干部对群众的动员效果不好，将会被上级认为工作能力欠缺或者不配合乡镇工作。在这两种角色要求的分歧和矛盾中，最终村干部会更倾向于顺应上级要求，加劲动员群众。在此情景下，来自村落社区本身对立义化工厂诸种行为的“审判”便陷入被忽略的尴尬境地。

三　暴力冲突：乡村社区拒绝再次接纳污染企业

无论村干部怎样做思想工作，村民们一致坚决不同意签字。最终村干部们放弃了动员村民，找人代签以完成这个上级交代的艰难任务。8月下旬，立义化工厂复产在即。

村民们得到了立义化工厂要恢复生产的消息，了解到他们杜绝签字没起作用，不满情绪更为激烈。8月26日，沙岗村一些村民互相喊在一起，带上铁锹、平常挑灰[①]用的灰兜、扁担等用具一起来到立义化工厂，将化工厂新开的下水沟填平，并将厂房西侧化工厂车辆出入必经的道路挖出一个深深的宽口子，阻止化工厂的车辆进出。几个胆子大的村民，用灰兜装上挖出的泥土，撒到了立义化工厂的办公室里。村民们想通过这些行为向古老板表达他们内心对立义化工厂的不满和排斥，期望他因此作出搬离村庄的决定。

但是古老板已是位"老江湖"，远比村民们想象的险诈，用村民们的话说是"奸"。面对村民的挑衅，古老板并没有出面与村民发生直接的冲突，而是吩咐员工用照相机将村民们挖道路的照片拍下来，留作罪证。村民们一拥而上，砸破了门窗，抢下了照相机。争抢中与立义化工厂的十多个员工发生轻微的冲突，不过双方都有意避免了刻意的肢体冲突。虽然结果抢到了相机，也没有发生严重的肢体冲突，但村民们在抢的过程中还是心存畏惧的。村民杨女士参与了此次挖路事件，回忆起当时的情景，显得有些后怕：

> 我们去把他的路挖掉了。也真的是弄不过他了，我们老百姓只好去把路挖掉。我们沙岗一个队的人，你喊他，他喊你，二十几个人一起去的。那条往东到他厂里的路，挖了老大一个

① 灰、灰兜，地方用语。灰，特指由草木灰、烂菜叶等生活废弃物和鸡粪、羊粪等堆积而成的农家肥。一般每户有一小块地方专门用于堆积这些可作肥料的生活废弃物和动物粪便。村民习惯性地称堆积起来的农家肥称为灰堆。灰兜，是一种农家用具，以往将灰堆还田时，村民们将灰装入灰兜，用扁担挑着灰兜把灰运到田地里。

口子，叫他车子过不去。几个胆子大的不怕他，把我们挖出来的土，挑到他厂里去，往他办公室里面倒。……他厂里一些人来拍照，把我们引了进去（工厂围墙里），差点被他们打啊，我们吓死了。我没用，都吓得哭了。古老板在厂里，但是往旁边一躲，不出面，不直接出来跟我们说话，都是厂里这些痞子上前。他奸呢。……他是官僚呢，怎么会跟我们老百姓说话。我们老百姓没用啊，弄不过他。（2012 年 7 月，村民杨女士访谈录）

第二天对抗仍在继续。8 月 27 日上午，古老板雇人用卡车拉来一些修路用的碎砖，把上一天村民们在路上挖的缺口填平。中午，镇村两级干部、县环保局、安监局、派出所等几十位工作人员浩浩荡荡地来到了立义化工厂，检查设备整改情况，准备复产。村民们发现地方干部来了，也涌到了化工厂，期望地方干部考虑他们的意见。一些村民要求化工厂停止生产，另有一些村民要求化工厂等几天再生产，因为水稻处在关键的扬花期。村民们的要求遭到了拒绝。地方干部们回复村民们，化工厂的设备已经整改，往后不会有污染问题发生，叫村民们放心回去。地方干部口气强硬，不容商量。村民们比较泄气，各自回去了。下午，地方干部也逐渐离村。

正值酷暑，天气的炙热增加了村民们的气愤、无奈和焦虑。在这样的情绪中熬到了傍晚，吃过饭，洗过澡，村民们三三五五地聚在一起，一边乘凉、聊天、发泄心中的复杂情绪，一边看着立义化工厂的动静。这时候，立义化工厂的高烟囱里冒起了浓浓的黑烟，夹杂着一些刺激性的气味——开始烧炉子恢复生产了。村民们尚未平息的愤懑被激发起来——又要过上异味熏天、大热天不能开门开窗的日子了。有人提议灭炉子去。这给所有的村民打开了宣泄不满情绪的闸门，于是这一提议马上成行。

几十个村民打头阵，男女老少，前前后后地来到了立义化工厂。另一些路远一点的或者还没吃饭洗澡的村民，也紧跟着赶了过来。据村民回忆，这一次差不多是全村出动了，只有少数年轻妇女需要照料孩子，守在了家里。有些是来灭炉子的，有些是来增加气势的，有些是来看热闹的。就连河北面的小尖村里也有几个村民闻讯赶来，看看热闹。工厂的大铁门是敞开着的，想要灭炉子的村民走了进去，来增加气势的村民和一部分看热闹的跟了进去，还有一些胆小的村民停留在厂外。村干部们得到了消息，赶了过来，但是没有走近，在厂南边数百米远的公路上看着厂里的局势。

村民们嚷嚷着要求厂方立即停产。几个村民溜进了锅炉房，准备用水将煤炭浇湿，灭掉锅炉，却发现锅炉里燃着的不是煤炭，而是稻草、泡沫、塑料袋子等杂物。出乎预料的是，化工厂里竟然有近百个警察、联防队员。还没来得及反应，他们看到一个六十岁左右的老民警喊了一声“打”，灭锅炉的几个村民与这些他们根本不认识的联防队员扭打起来。看到家人、兄弟、朋友、邻居被打，大家有的上去拉，有的捡起了砖头扔，村民与警察、联防队员打作一团。一些村民想跑出去，一个干警把大铁门锁上，大喊一声：今天来闹事的人，一个也不允许走。几个警察拿出相机拍照、摄像。

> 我们去灭炉子那天晚上，古老板安排过来的人多呢，有将近百十个呢，三大车子人。除了联防队的，还有些痞子。……古老板晚上请这些人在饭店吃饭，弄点酒一喝，就来了，像是猛虎下山了。（2012年7月，村民周永龙访谈录）

混乱的肢体冲突中，村民、警察、联防队员都有较为严重的身体受伤。村民邹先生的头部被联防队员用凳子砸破了，事后缝了7针；高女士被打得无力动弹，头部和腿受了重伤；官女士被打倒在地上……联防队员将一些村民拽到车上，准备拘捕。村民们对拘捕是惧怕的，拼命想从联防队员手中逃脱，一些村民拦住警车的出路。一些村民尾随着开出门的警车，慌慌张张地逃回家中。最终，十多名村民被拘捕。

一个15岁的孩子，见他妈妈高女士被抓上车，就去拉他妈妈，结果被3名联防队员殴打，伤势极为严重，至今都未能上学。我们村民见3名联防队员打这个孩子，上前劝阻，遭到这3位联防队员毒打。邹先生被联防队员打得站不住，倚在墙边，被警员拖上车，在车上又遭到毒打。人们见状将车截住，从车窗里将他拉出来，当时他差点儿晕倒。（沙岗村村民上访《诉状》）

村民们对这晚暴力冲突的惨状记忆犹新：

一些群众被打得头上的血直淌。还有说得难为情的，联防队这些人往群众裤裆里踢，后面多长时间走路都不能走，残酷呐，是共产党办的事情吗？（2012年7月，村民周育才访谈录）

那天吃过了晚饭，我们几个喊着一起去看看的。去了吓死了，我们几个躲起来了，躲在旁边。一个人说，不准出大门外，听了这话，我们吓死了。……这个邹爹爹被打得厉害呢，联防队的人弄了个凳子砸在他头上，血一直淌，身上都是血。（2012年7月，村民朱老人访谈录）

我们以为他开始烧炉子生产了，就去灭他炉子，被他们打得厉害呢。吓死呐。我们都挨打了，邹先生的头被打破了，那个龙爹爹（周永龙）的牙子被打掉了。这边的三爹爹也被抓了去一夜，鞋子都不知道被打得掉到哪里去了，光个脚被抓去的，还是我们送了双拖鞋给他。（2012年7月，村民杨女士访谈录）

这是一件村民们数十年记忆中没有发生过的大型暴力冲突。回村以后，大家一合计，恍然大悟，原来这是古老板事先设计好的圈套，大家“上钩子”了。事后经过多方打听，村民们确定事情的原委是这样的：古老板与区公安局局长董先生相识，古老板向董局长诉苦情，说自己的化工厂手续齐全、符合国家法律，但沙岗村的“刁民”们经常性到厂里“闹事”，这次还阻止复产，厂子晚一天复产就有很大的经济损失，请董局长帮忙出点子。于是，烧假炉子引村民“上钩”、发生暴力行为、摄像取证、构成袭警罪的办法就想出来了。

他生产不是要烧炉子吗，那天他就弄些草、泡沫、塑料纸一类的东西放在炉子里面烧得冒烟，引我们群众去。群众一看到冒烟了，以为他在生产了。群众气愤，跟他们说了这么多都不起作用。就去制止他生产。群众去了以后，有一些人都不懂法律、不懂规矩。当时呢，区公安局下来了大概有百十人。所以，那一天晚上他们是有组织的，准备好引我们群众上钩子的。(2012 年 7 月，村民周江耕访谈录)

村民周育才是镇上食品站的退休人员。他介绍说自己是一名共产党员，一个亲弟兄在镇人大任职，自己的女婿在派出所工作，特殊的家庭背景让他不能参加到村民当中去反对立义化工厂。也因为周育才的女婿在派出所工作，事先得到了消息，使周育才的“杠头”[①] 一样的妻子免遭痛打。周育才的女婿事先得到消息，证实了此次暴力事件确实是有预谋的。虽为暴力事件的旁观者，但周育才对此次暴力事件的来龙去脉较为清楚：

古老板在西苑饭店弄了几桌菜，把这些人一招待，吃得饱饱的来了。来了就弄稻草、塑料袋子烧假炉子，引群众上钩。……群众一看烟筒冒烟了，以为恢复生产了，不服气啊，商量起来去灭他炉子啊，这不就上钩子了吗？群众去了就不肯

---

① “杠头”为地方用语，形容一个人为“杠头”，意指此人爱多事、吵架或抬杠。

他烧炉子，不肯他生产。群众没有组织没有纪律的呀，只晓得不肯他烧炉子。这就打起来了，打起来以后群众就拎砖头扔，联防队他们就赶紧摄像了。

古老板这帮子人烧假炉子，把群众引上钩，套下去。这个事情我们沙岗村的人都清楚。用联防队、保安队来打群众，打起来以后摄像，说群众袭警。然后捉群众，把群众强押到车上关到派出所去。把群众关到大台、其他乡镇派出所以及区里（派出所）去。……你有没有见过过去日本鬼子下乡杀人放火？你们年龄小，听老人说过吧，电视剧里总看见过吧？就像日本鬼子一样的。

弄些联防队、保安队来打群众，并且录像，这些都是算计好的。这个用共产党的战术叫作“诱敌深入”，诱敌到笼子里面来，然后狠狠地打。共产党办事情，基层政府是有组织、有领导、有层次地对待我们老百姓的。

我老婆是个杠头。杠头是什么意思呢，喜欢参与这些吵架的事情，喜欢多多嘴的。我女婿在派出所上班，我女婿事先晓得一些个事情，打电话跟我老婆讲过了，叫我老婆无论如何不要参加。所以我老婆那天不在家，要是在家也要找打。像我呢，不应该多这个嘴跟你说这些。但是呢，那天打群众打得那个样子，我心里疼呐。（2012 年 7 月，村民周育才访谈录）

第四节　污染企业与乡村社区的互动阐释及关系分析

自 2002 年开春至 8 月底，沙岗村村民与立义化工厂之间的矛盾从萌生到一步步地激化至峰值。在此过程中，虽然村民逐步探索阻止化工厂生产或排污的措施，但是行动效果是有限的。非但未能达成其行动目标，反而陷入了更为严重的受害窘境。

那么为什么沙岗村民的应对行为不能如其所愿达成目标？为什

么村民与化工厂的矛盾进一步激化？为什么乡村社区的“审判”没有持续性的作用？为了更好地理解这一系列问题，我们需要分析沙岗村村民与立义化工厂各自的行动逻辑，以及两者之间的互动逻辑，并在此基础上探讨污染企业与乡村社区的关系。

一　情理：乡村社区内的行动依据

1. 规范价值体系与行动策略：“工具箱”的比喻

村民的应对行动能否有效达到目标，与他们采取的行动策略或者手段直接相关。村民在选取行动策略时已对其行动的合理性和可能的效果做过判断，判断的依据是村民内在的规范和价值体系。也就是说，村民对行动策略的选择主要由村民内在的规范和价值体系来决定。

规范价值体系与村民行动策略选择的关系，可用一个通俗易懂的比喻来理解：规范体系是一只“箱子”，村民行动的策略或手段是“工具”，组合起来便是一只“工具箱”。“工具箱”内有各式各样的“工具”可供村民选择，但村民选取的“工具”只可能是来自这只特定的“箱子”。并且，“工具箱”中有什么样的“工具”是由“箱子”本身决定的。在具体的行动中，村民在“箱子”里选取什么“工具”，由村民所处的具体情景决定。也就是说村民内在的规范价值体系框定了村民的行动策略范围，村民在其行动策略范围内选择什么样的行动策略，是由具体的情景条件决定。

“工具箱”是一个通俗的比喻，学界已有研究中有一些规范性的表达与此相类似。比如，查尔斯·蒂利（Charles Tilly）提出的“集体行动形式库”（repertoire of collective action）的概念，以及赵鼎新提出的“文化资源库”（cultural repertoire）的概念。蒂利在考察法国近六百年集体行动的基础上提出了集体行动形式库的概念，指“一个群体为争取共同利益在一起行动时所可能采用的方法”。他认为“一个社会中的集体行动形式库有着很大的稳定性”，“集体行动形式的创造和革新因此并不常见。即使发生了创造和革新的话，这些创造和革新也只是在原有的集体行动形式基础上所做的一些有限的改变”。[①] 赵鼎新将集体行动形式库拓展为文化资源库，除包括蒂利的集体行动形式的内容，还包括“一定时空内一个群体发起抗争所能利用的文字性和符号性资源”。他认为，社会运动形式不可能超出其社会文化，在文化影响最深的习惯层面，文化文本成为社会行动者的行动惯式。[②]

蒂利提出的“集体行动形式库”侧重于表达集体行动所可能采用的方法具有一个相对稳定的范围，类似于“工具箱”比喻中规范价值体系所框定的行动策略范围。赵鼎新提出的“文化资源库”，强调社会文化对行动策略的范围限定，类似于“工具箱”比喻中规范价值体系对行动策略的影响。

2. 村民行动的结构分析

为了更清楚地理解规范价值体系、情景对村民行动策略选择的影响，我们可以引入帕森斯的行动理论中有关“单位行动”的结构论述，对沙岗村村民的行为作细致的分析。帕森斯认为，“单位行动”在逻辑上包含四个方面的内容：(1) 一个行动的当事人，即“行动者”。(2) 行动的“目的”，即“该行动过程所指向的未来事态”。(3) 该行动所处的“处境”。这种处境可以分解为两类：①行动者所不能控制的，可以叫作行动的“条件”；②行动者能够控制的，可以叫作行动的“手段”。(4) 行动的“规范性”取向。帕森斯认为，“在行动者控制的范围内，所采取的手段一般说来不能被认为是随意挑选的，也不应被认为完全取决于行动的条件”，“重要的是应当有个规范性取向”。也就是说，行动者受各种价值观、规范所支配，这些价值观和规范影响着建

① Charles Tilly. *Popular Contention in Great Britain*, 1758—1834, Cambridge, Mass: Harvard University Press, 1995. 转引自赵鼎新《社会与政治运动讲义》，社会科学文献出版社 2006 年版，第 221—224 页。

② 赵鼎新：《社会与政治运动讲义》，社会科学文献出版社 2006 年版，第 224—228 页。

立目标和实现目标的手段。[①][②] 对应到我们所分析的沙岗村村民的行动，这里的“规范性”取向即是村民的内在规范价值体系。“单位行动”的图示见图3—2。

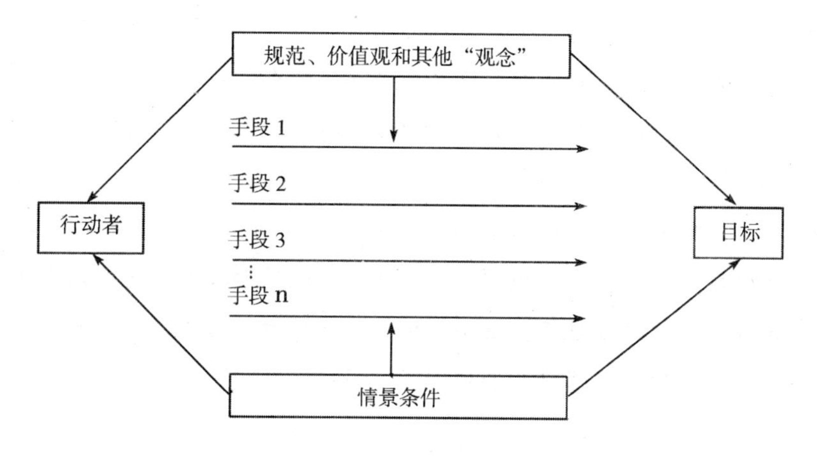

图3—2　单位行动的结构[③]

帕森斯认为“社会行动包括一个或多个行动者一系列的单位行动”。[④] 我们依据沙岗村民应对立义化工厂污染的行动实践的特征，可以将其行动分为两个阶段来分别探讨。阶段一：首次污染事件——气体泄漏烧坏麦子发生后，村民的应对行动；阶段二，发现企业背信弃义、偷偷排污后，村民的应对行动。

有关村民在第一阶段的行动逻辑，在上节“相安无事：乡村社会的纠纷调解”中已有详细分析。此处在上节分析的基础上，引入帕森斯的“单位行动”来透视村民的社会行动。立义化工厂

① ［美］T. 帕森斯：《社会行动的结构》，张明德等译，译林出版社2003年版，第48—50页。

② ［美］乔纳森·H. 特纳：《社会学理论的结构》，邱泽奇等译，华夏出版社2006年版，第36—38页。

③ 本图转引自［美］乔纳森·H. 特纳的《社会学理论的结构》一书中对帕森斯“社会行动的结构”理论的总结。详见［美］乔纳森·H. 特纳《社会学理论的结构》，邱泽奇等译，北京：华夏出版社2006年版，第38页。

④ ［美］乔纳森·H. 特纳：《社会学理论的结构》，邱泽奇等译，华夏出版社2006年版，第36—38页。

的气体泄漏发生以后，沙岗村的村民们没有贸然去破坏工厂或者与企业主发生肢体冲突导致事态激化，而是经过商量后找村干部协调此事。当时村民所处情景条件是：企业刚进村，村民并不了解企业生产经营的产品、合成工艺以及可能的危害；他们认为此次事件可能是意外发生，只要企业以后多加注意，便不会再有此类污染现象发生。在村民的规范、价值体系中：具有“和为贵”的传统；认为调解是解决纠纷的最佳方式；认为村干部具有决定村庄公共事务的权力和权威。在上述情景和“规范性”取向下，村民的目标是：企业做出保证，以后不再排污。在达成目标的手段上，村民自然认为由村委会主任来处理此事是合理的，并且欣然接受村干部的调解来达到企业保证不再排污的目标。（见图 3—3）

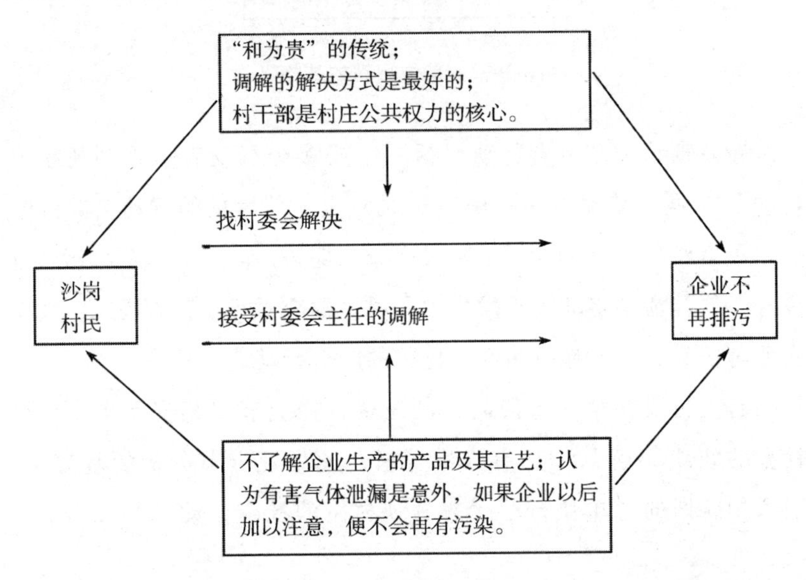

图 3—3　沙岗村村民在有害气体泄漏事件发生后的行动结构

在第二阶段，因为企业背信弃义、排污加害，情景条件发生变化，村民的目标发生了变化，为了达到目标在“工具箱”内选取的工具也相应地发生了变化。首先，情景条件最先发生变化：村民了解了企业会持续产生污染和造成危害；并且企业主对村民的态度是强硬、不友善的；在企业整顿后，镇村干部、县环保局均支持企业生产；镇派出所听命于镇政府，且站在了企业一边。其次，情景条件发生变化后，村民在其规范价值体系范围内重新制定目标和选择手段。在中国传统社会的规范价值体系的框架内，一方做到“仁”，另一方做到“义”，关系的处理便会稳定和谐。如果有一方不按约定俗成的规范做事，侵犯了另一方，是小事情的话，在以和为贵、“好礼”的规范要求下，被侵犯的一方往往能忍则忍和“以德报怨”。但是在关系身家性命、大仇大恨的问题上，讲究“一报还一报”，“有恩不报非君子，有仇不报非丈夫”。[①] 同样是在“仁义”的规范框架下，具体的规范取向扭转为“你不仁，我不义”。

正是在这样的规范取向和情景条件下，村民行动的目标变为：要求企业停产，以免后患，保全自己的基本生存。达成目标的手段上，因为镇村干部、县环保局均支持企业恢复生产，村民们仅能通过自己的力量来达成目标：找企业理论、填平企业下水沟、拒绝签字同意企业恢复生产、挖道路、灭锅炉、卷入暴力冲突。这些方式手段都是在“你不仁，我不义”的规范价值体系框架之中。其行动结构见图 3—4。

3. 情理：村民行动依据的规范

由上文分析，可以看到沙岗村村民前后两个阶段的行动、目标和手段的确定都在乡村社区的规范价值体系框架内，具体的目标和手段选择依据情景变化而发生变化。那么作为村民行动的依据，最为基底和核心的规范是指什么？怎么形成的？在村民的日常生活中，这种规范是一种不成文、约定俗成、习惯性的做人处事准则，可用中国本土人们生活里的词汇“情理”来表达。较多学者意识到中国人有依情理行事的特征。滋贺秀三曾将中国人的“情理”定义为是中国型的“常识性的正义衡平感觉”和“习惯性的价值

① 应星：《“气”与中国乡土本色的社会行动——一项基于民间谚语与传统戏曲的社会学探索》，载《社会学研究》，2010 年第 5 期，第 120 页。

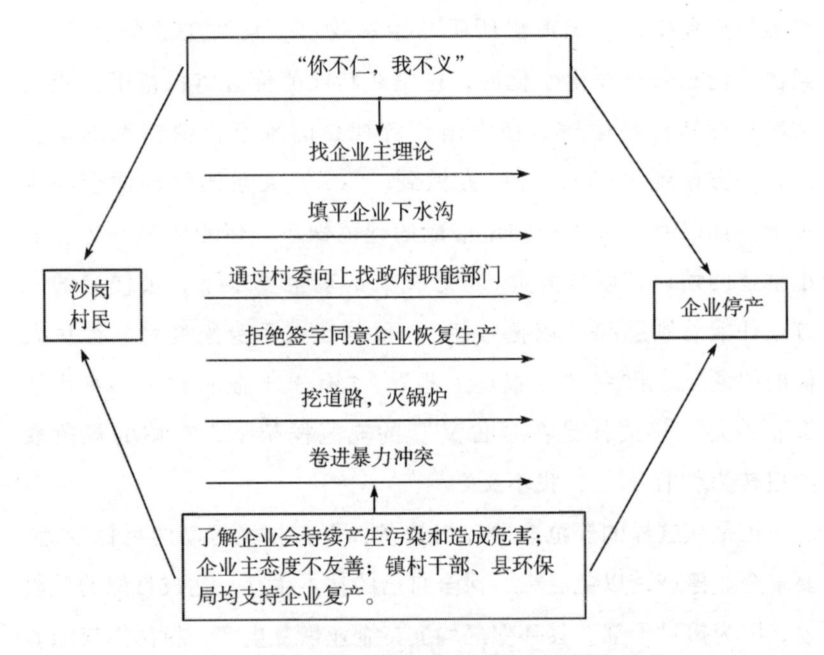

图 3—4　沙岗村民在企业背信弃义后的行动结构

判断标准"[①]。在本研究中，情理指人们日常生活中习惯性的、常识性的做人处事规范。

在沙岗村村民应对污染企业的行动中，我们可以看到"和为贵"、"你不仁，我不义"等具体的规范。从表面来看，这些来自沙岗村村民生活情理的规范，表现出与中国传统社会规范极大的亲和。从内里来看，实际上是对中国传统社会规范的继承。虽然自近代以来，随着西方文明的进入，中国社会建立起与传统社会规范不同的法律规范体系，并曾出现过将传统儒家文化视为"封建残余"予以批判，人们在观念层面也有所变化。但是中国传统社会文化的基底部分没有发生变化。在乡村社会依然保留了相当的传统规范，体现在人们日常生活习惯性的做人处事之中。

那么人们生活中的情理为什么与传统中国儒家文化中的规范具

① 滋贺秀三：《中国法文化的考察——以诉讼的形态为素材》，载滋贺秀三等：《明清时期的民事审判与民间契约》，法律出版社 1998 年版，第 13—14 页。

有一致性？需要从儒家文化的来源、传统中国社会结构特征以及社会的长期稳定性三个方面考察。

自秦始皇建立大一统帝国，中国社会中政治结构、经济结构和儒家意识形态结构互相耦合，形成持续两千余年稳定不变的社会结构系统。这一独特社会结构的核心特征表现为“宗法一体化”①，即国家结构与家族结构同构，儒家国家学说与宗法家族思想同构。国家社会秩序维持和乡村社会关系处理的核心特征共同表现为“伦理本位”② 社会与个人的关系处理以伦理关系为重，伦理纲常是构造国家政治和组织社会的本质依据。即所谓“以孝治天下”。

“宗法一体化”社会结构的形成，本初在于儒家国家学说核心的“礼”取自民间宗法家族的伦理纲常。宗法家族的伦理纲常由此上升为组织社会和维持国家社会秩序的根本原则。《左传·昭公二十五年》中有：“夫礼，天之经也，地之义也，民之行也，天地之经而民实则之。”③ 意思是说“礼”是天理、国法和平民百姓日常践行的宗法家族伦理关系准则。天理、国法和人情三者是相通的，统一于儒家国家学说中的“礼”。这里的人情即情理，百姓习惯性和常识性的处世规范。也因此，民间有“无法无天”、“伤天害理”等俗语，将日常行为中不道德的行为上升为无视国法、有害天理。

因为儒家学说与宗法家族思想同构，乡间百姓们无需因为儒家学说的意识形态化刻意在乡村社区之外学“礼”，乡村社会本身就是自然的“礼治”④ 社会。“礼”和伦理纲常便是人们日常生活中的情理。数千年稳定的乡村社会中，人们不需要在道德价值领域创新。遵循世代相传的习惯性和常识性的处世规范就是通情达理的，并能

---

① 金观涛、刘青峰：《兴盛与危机——论中国社会超稳定结构》，中文大学出版社1992年版，第9—48页。

② 梁漱溟：《中国文化要义》，世纪出版集团、上海人民出版社2005年版，第70页。

③ 冀昀主编：《左传》，线装书局2007年版，第599页。

④ 费孝通：《乡土中国生育制度》，北京大学出版社1998年版，第24—30页。

够将关系和事情处理得合情合理。依情理行事的行为习惯由此养成。

由此，我们便能理解为什么沙岗村村民应对立义化工厂污染时自然地依据情理行事，并在中国传统社会规范的框架内，与中国传统儒家文化表现得极为亲和。

二　选择性的法规：污染企业的行动依据

1. 污染企业的行动结构

同样，我们依然使用帕森斯的“单位行动”分析框架来细致探究立义化工厂古老板的行动特征。以下，着重分析古老板与村民互动中的行动。

古老板的规范价值体系既有相同之处，也有不同的地方。古老板为本地人，生长于大台镇，自幼在乡村社会环境当中，熟知沙岗村村民的规范价值体系。但不同的是，古老板自20世纪80年代初开始办企业，20多年的企业经营经历使他熟悉现行法律规范，了解现行法律在社会实践层面的运行机制，善于与地方政府打交道，并与地方政府建立了良好的关系。简而言之，古老板熟知乡村社区内的规范体系和现行法律规范体系，在具体的行动中可依据其目标在两种规范体系中选择策略或者说手段。

在有害气体泄漏事件发生时，古老板所处的情景条件为：已经造成气体泄漏，影响了村民的农作物，理亏；立义化工厂的氯代醚酮项目刚投产第三天，生产速度不能受影响；村委会主任提出调解，村民同意调解；并且村民不了解未来会造成的污染问题。在此情景条件下，遵从乡村“和为贵”等规范体系有利于古老板达到目标：平息村民气愤情绪，迅速投产。于是，古老板在乡村社会规范的框架下选择作出不再排污的承诺（见图3—5）。需要注意的是，在此情景下，古老板之所以规避使用现行法律规范，是因为古老板造成环境污染本身，违背了相关法律规定。因此，其选择性地规避使用法律规范。

在污染隐秘被村民发觉之后，古老板则选择性地规避法律规范

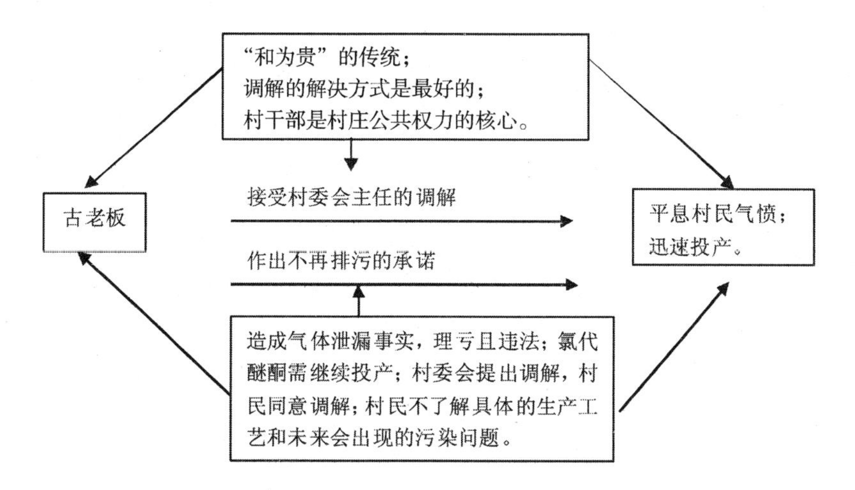

图 3—5　有害气体泄漏后企业主应对村民的行动结构

中对己不利的部分，使用其中对己有益而对村民不利的部分。在这一阶段的互动中，情景首先发生变化：村民发现污染事实，要求企业停产。与此同时，对古老板有利的情景是：村民不懂法律，通过填堵下水沟的方式影响企业生产，通过破坏公路阻止企业恢复生产；地方政府支持并需要工业发展。古老板了解相关法律规范，利用村民的违法行为（违法但符合乡村规范）向地方派出所报警，达到震慑沙岗村村民的目标。而对于自己违法排污在先的行为则隐藏了。在后续与村民的互动中，古老板通过拍照取证的方法证明村民破坏生产，通过整改及其他方法取得地方政府及相关职能部门的认可和支持，通过“烧假炉子”引村民作出违法行为，最终达到阻止村民和恢复生产的目标。（见图 3—6）

2. 当情理与法规相遇

通过以上分析可以看到，基于情理的乡村社会规范在处理企业污染的问题上具有局限性。首先，在有害气体泄漏事件发生后，村民基于情理愿意接受调解、给予污染企业一次机会，并相信企业的承诺。“和为贵”、“以德报怨”实际上并不能有效地避免企业口头上答应但在私下里偷偷地排污。所以事后数月内，企业偷偷排污的现象确实发生了。

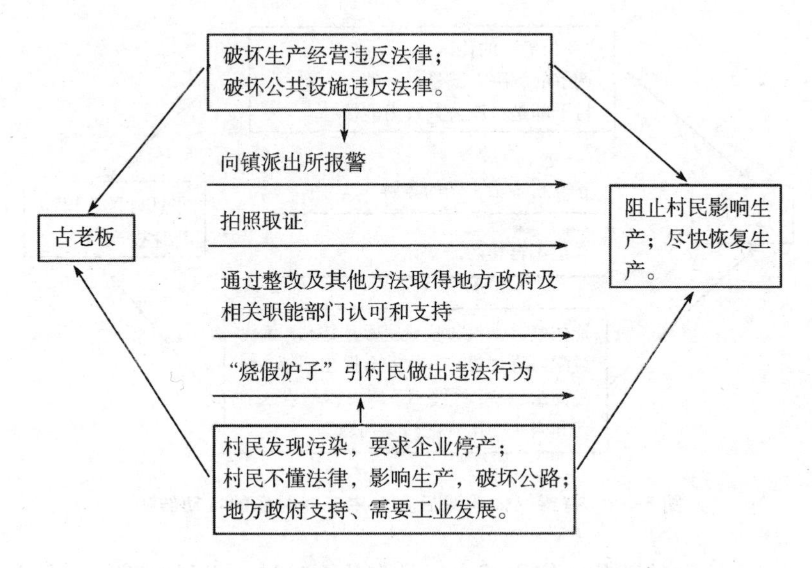

图 3—6　污染隐秘显露后企业主应对村民的行动结构

其次，当情理性规范与现行法律规范出现矛盾和不一致时，法律规范被当作有效的，而情理性规范不被持有者以外的具有利益冲突的社会群体认可。情理性规范允许村民在企业背信弃义的情况下，用堵下水沟、灭锅炉、挖公路甚至是肢体冲突等方式迫使污染企业遵守承诺、停止生产。但是这些方式并不在现行法律规范的框架内。在现行法律规范被定于一尊的情况下，与法律规范相冲突的相关情理性规范必然要让位于法律规范，造成村民因为违法被拘留的结果。

在当前中国，现行法律体系是通过外力“植入”社会的“舶来品”，与中国社会本土内生的实践规范尚没有形成相互融合的关系。在大部分农村地区，现行法律对于村民而言只是一个概念的存在，与他们的经验世界相脱离。村民并不能在法律规范的框架下使用法律保护自身权益，也难以规避在情理规范内、法律规范外的行为，从而不能规避由此造成的伤害。沙岗村村民为保护自身环境权益不受损害，采取情理内、法律外的行动，最终造成身体伤害和被拘留便是这样的情形。

三　双重"脱嵌"：污染企业与沙岗村社区的关系

从上文分析我们可以看到，立义化工厂虽然在空间上位于沙岗村内部，但是在经济和社会两个层面都与乡村社区相分离。这是污染问题发生和加剧的最基本的原因之一。一方面，在经济层面，企业生产经营获得效益建立在村民受害、环境受损的基础上，与村庄利益相分离；另一方面，乡村社区内的规范以及村民的反抗行为，对企业的污染行为难以起到约制作用。

我们可以引入"嵌入"和"脱嵌"这两个概念来理解污染企业与乡村社区之间的关系。这两个概念借用自卡尔·波兰尼（Karl Polany）的研究，但内涵有所不同。在《大转型：我们时代的政治与经济起源》一书中，波兰尼提出在19世纪之前人类经济"嵌入"于社会之中，经济"从属于政治、宗教和社会关系"①；市场控制经济体系后，经济体系逐渐从社会中"脱嵌"（但他认为完全的"脱嵌"是不可能的）。

本研究利用"嵌入"和"脱嵌"概念，在更微观的层面讨论企业与乡村社区之间的关系。将企业利益与乡村社区利益一致，企业遵循或尊重乡村社区规范的情形称为企业"嵌入"于乡村社区。将企业利益或遵循的规范与乡村社区的规范相分离的情形称为企业"脱嵌"于乡村社区。将企业利益与乡村社区利益不一致，并且企业不遵从、不尊重乡村社区规范的情形称为双重"脱嵌"。

"嵌入"式的工业是乡村工业发展的理想模式。集体经济时期的苏南社队工业模式属于我们上文所讲的企业"嵌入"乡村社区的类型。社队工业是苏南乡村社会中土生土长的工业。从乡村内部产生，为村集体所有。在资金筹措上由村民集资，企业的经济目标为村集体利益的最大化。企业的经营者来自村庄内部，企业的员工为本村村民。企

① [86]［英］卡尔·波兰尼：《大转型：我们时代的政治与经济起源》，冯钢、刘阳译，浙江人民出版社2007年版，第15—16页。

业经营接受村民的监督，并承担教育、医疗等社会功能。企业是乡村社区的内部成员。集体经济时期的苏南社队工业模式，其生发需要特定的经济、社会和文化土壤条件。经济体制改革后，随着企业改制等一系列社会经济因素的变迁，苏南地区这种“嵌入”式的乡村工业，与乡村社的关系也逐渐成为“脱嵌”、半“脱嵌”的形态。

如前文所述，在集体经济时期，苏北地区很少有自然萌生的如苏南社队工业式的本土工业，20 世纪 80 年代借鉴苏南经验组建起的社队工业也大多失败。从苏北民众追求发展的脉络来看，改革开放以来苏北乡村百姓所盼望的乡村工业是这样的：企业为村庄解决剩余劳动力的就业，为村民增收；不侵害村民；村民通过自己的劳动为企业盈利做出贡献；企业与乡村社区和睦共存、没有冲突。这种苏北民众期望中的乡村工业与苏南社队工业有很多不同之处，但也属于“嵌入”于乡村社区的工业类型，在经济和规范两个层面，企业与乡村社区的关系是和谐而非冲突的。（见表 3—1）苏北村民期望中的企业，对乡村社会的发展来说，这是一种较为适宜的工业模式。

表 3—1　　三种企业与乡村社区关系比较

比较项目＼企业类型	苏南社队企业	苏北村民期望的企业	污染企业
企业来源	村庄内生	村庄内生/外部迁入	村庄内生/外部迁入
企业形成的制度基础	计划经济	市场经济	市场经济
企业资金来源	村民集资	企业主私人	企业主私人
企业所有制性质	集体所有	私人所有	私人所有
企业经营者	村民精英	私人企业主	私人企业主
企业目标	村集体利益最大化	企业与村民共同发展	个人利益最大化

续表

企业类型 比较项目	苏南社队企业	苏北村民期望的企业	污染企业
工人来源	村内	村内	村内/村外
是否受村民监督	是	是	否
与村庄规范的关系	一致	一致/不一致，但尊重	不一致，不尊重
企业对村庄的社会功能	正功能，承担教育、养老等社会功能	正功能，增加村民收入	负功能，损害村民健康，破坏村民生计
企业与乡村社区的关系	嵌入	嵌入	双重脱嵌

未能如村民所愿，在地方政府盲目招商和触底竞争的环境下，从外地招来的项目以及本地催生出的企业有较大一部分存在环境污染的隐患。这些企业在经济和社会两个层面上都与乡村社区相“脱嵌”。一方面，污染企业以自身利益最大化为目标，与乡村社区的利益存在根本矛盾；另一方面，污染企业不受乡村社区规范的约束。（见表3—1）立义化工厂与沙岗村的关系便属于这一类型。企业主为保其自身利益，排污损害村民的生计及身体健康。矛盾显现后，在乡村情理对己有利的情况下，顺应乡村情理规范，在乡村情理对己不利的情况下，选择性地使用法律规范，通过烧假炉子等行为，给村民“下钩子”，使村民因违法被拘。

第四章　差序礼义与利益考量：乡村社区与政府间的互动

只有请法律部门、父母官们、敢于说话的人们给群众做主。

——沙岗村村民上访《诉状》

污染企业在经济和社会两个层面双重“脱嵌”于乡村社区，这一关系特征决定了企业的生存必然导致乡村社区内自然环境恶化、村民遭受损害。沙岗村村民与立义化工厂之间基于情理和选择性法规的互动逻辑，不能有效促成污染受害问题的解决。在这样的情况下，受害村民要阻止污染企业继续排污，需要突破直接与企业互动的限制格局，寻求其他途径。沙岗村村民选择了“上访”，开始了与政府的互动。

第一节　上访与“闹事”

上访在中国乡村社区中具有特殊的意义。村民们往往将政府官员看作是“父母官”，民间不能解决的纠纷，村民们往往寄希望于政府来解决。当基层政府不为村民解决问题时，村民们将解决问题寄托于更上一级的政府。村民的上访给基层政府带来麻烦，因此基层政府往往将村民上访定性为“闹事”，通过各种方法向村民施压以使他们不敢再上访，忽略了村民期望解决的问题本身。而在村民的角度，他们确实“不是想闹事”，只是想解决问题。

一　上访："不是想闹事"

8月27号晚上的暴力冲突之后，古老板轻松了许多。公安局拘捕了十多名参加暴力冲突的村民，村民们不再敢轻易来破坏其生产经营，化工厂可以顺利恢复生产了。

村民们对此次事件的处理很不服。这场暴力冲突的规模和造成伤害的严重性，对沙岗村大部分村民来说可谓史无前例。一些村民被打伤了，一些村民的家人、亲戚、朋友被逮进了派出所。他们心感憋屈：分明是他们祖祖辈辈生活的村子，立义化工厂却像癞皮狗一样赶不走，区、镇、村干部竟然都支持立义化工厂，而且把他们当成坏人动用全区的警察、联防队员拘捕他们。大部分村民们晚上回去后彻夜未眠。他们商量好，明天一早到市里上访去，把事情的来龙去脉报告给市领导，请他们匡扶正义。于是，他们连夜写好上访材料，反映立义化工厂的污染行为以及他们的惨痛遭遇。

8月28日清晨，沙岗村的村民们一起乘车赶往市里。市区离村子只有十多公里，城乡公交车路过村口，极为方便。但公交车二三十分钟才有一班，村民们需分成几批，第一批只能先走二十多个村民。大家推举了文化程度相对较高、能说会道、对市区熟悉的二十多个村民，带上准备好的材料乘第一班车。第一批村民顺利地到了市里，但是第二、三批村民在半路就被截下了。浩浩荡荡的村民队伍被村干部发现了。村干部通知了镇里的领导，镇里派出镇政府和派出所的相关工作人员开着车子追赶公交车，一些村民被带到了派出所，另一些逃回了家。严女士很幸运，半路上自己逃了回来。她回忆说：

> 第二天早上，我们出发去市里了。被干部晓得了以后，他们用车子在后面追我们。我们到半路上就被干部拦下来带到镇派出所。他们叫我们不要去闹，哄我们说带我们回家，结果带到派出所了。我聪明呢，我在朱庄下了车，躲到我老舅舅家里。不然也被他们带到派出所了。他们几个人被带到派出所，

关在那里不让回来。有些人坐的早一班的公交车子到了市里，没被他们拦到。但是到市里以后也还是被干部带回来了。(2012年7月，村民严女士访谈录)

第一批乘车的村民顺利地来到市政府大院的门口，但是门卫处的工作人员不允许村民们进入，不肯为他们开门。这时候，两名信访局工作人员向他们走过来问他们：你们是从大台镇来的吧，我们已经在这里等了好长时间了。村民们一听这两个人等了他们很长时间，猜想必定是村里、镇里事先给市里报信了，心中凉了一大截，隐约感觉事情不会像他们想象中好解决，可能见不到市领导。

这两名工作人员带着村民们来到市信访局，填写了信访办来访登记表，给所有人录了像，之后要求村民们留下5名代表，其余人立即解散回村。信访局的工作人员跟几位代表说，需要等镇里干部来了一起处理这件事情。大约过了半个钟头，几位镇干部和几位派出所工作人员一起赶了过来。在暴力冲突中打人和被打都比较严重的村民宋龙甘，当即被派出所工作人员带走。其余的几位代表和一些在外面等消息的村民，被镇干部连哄带骗地带到了镇上的派出所。村民薛女士是亲历者，她回忆说：

第二天一大早，我们一些群众就去市里。市里不给进。我们去上访也没有谁起头，就是大家集中去的。头一趟到市里的人，被干部带到派出所了。镇里和村里的干部去说带我们回家，实际上哄我们的。有些人跟着他们的车子回来，想着不用买票。跟他车子的人都被带到了派出所关起来了。我们自己买票的人，直接回家了。(2011年10月，村民薛女士访谈录)

村民们此次上访行为被市信访局工作人员和乡镇干部定性为“闹事”。村民们觉得冤屈。他们认为自己只是想找上级领导干部为他们解决问题，并不是带着恶意去闹事，或者说是无理取闹。村民薛女士讲出他们上访的预期目的和期望，强调他们并“不是想闹事的”：

> 我们到市里上访的时候，市里就给村里镇里打电话，说你们那边有人来闹事了，镇里村里的干部就用车子去把我们拖回来了。实际上我们不会闹事，不是想闹事的，就是把材料给他们看看，希望他们来解决问题。（2011 年 10 月，村民薛女士访谈录）

村民们对地方干部将他们的反映疾苦的行为定性为“闹事”耿耿于怀、感到冤屈，是因为“闹事”一词在中国社会有着特殊的意涵。有史以来，在中国乡村社会里，爱闹事的人往往被看成是不懂礼数、不安于本分、爱滋生事端的人，普遍受到社会排斥。在村民们的眼里，立义化工厂的古老板才是真正的品行恶劣的闹事者，他们正是要向上反映闹事者的恶劣行为而不是去闹事的。所以当村民的行为被地方干部训斥为闹事时，感觉是非被颠倒，十分冤屈。

一般村民对“闹事”的理解局限在上述乡村社会中不懂礼数等含义。而另一些具有丰富社会经验和阅历的村民，了解“闹事”在新中国建立后的新意涵。新中国建立后，闹事一词不仅常常与不法分子、流氓群体联系起来使用，更具有“对安定团结局面的破坏”、“对社会秩序的干扰”、“甚至是与政府的某种对抗”① 的意味。在较为严重的情况下，与刑法中的寻衅滋事罪②有着一定的关联。因此，当这些村民知晓他们的行为被地方干部定性为闹事时更

① 应星：《大河移民上访的故事》，生活 · 读书 · 新知三联书店 2001 年版，第 54 页。

② 寻衅滋事罪是 1997 年修改《中华人民共和国刑法》时，从 1979 年《刑法》第 160 条规定的流氓罪分解的罪名，最高可判 5 年有期徒刑。根据《中华人民共和国刑法》第二百九十三条的定义，有下列寻衅滋事行为之一，破坏社会秩序的，处五年以下有期徒刑、拘役或者管制：（1）随意殴打他人，情节恶劣的；（2）追逐、拦截、辱骂他人，情节恶劣的；（3）强拿硬要或者任意损毁、占用公私财物，情节严重的；（4）在公共场所起哄闹事，造成公共场所秩序严重混乱的。来源：维基百科网 http：//zh. wikipedia. org/wiki/% E5% AF% BB% E8% A1% 85% E6% BB% 8B% E4% BA% 8B% E7% BD% AA。

为恐慌。从村民周育才的描述中，可以看出不同村民对闹事的不同理解：

> 老百姓不懂法律、不懂知识，更不会讲话。他们讲不起来。有人来向我们了解情况，金家的女人对人家说了一句话：我们不肯他烧炉子的，我们去闹的。我后头跟她说：你被打得活该，怎么能说去闹的呢，说成闹事就没理了呀！老农民不会讲话，她说是去闹的，不仅不懂自己是在维权，还留下把柄给别人去抓呢。（2012 年 7 月，村民周育才访谈录）

二 拘捕和教育：按“闹事”处理

无论村民如何不情愿地接受被扣上“闹事”的帽子，在地方干部的眼里，村民们向上反映问题是在给地方上的领导干部脸上抹黑，是在制造事端和麻烦，是在“闹事”，反映问题的缘由——阻碍工厂复产——更是在“闹事”。与此同时，因为“闹事”一词在新中国成立后有着干扰社会秩序、破坏安定团结的特殊含义，地方干部在训斥村民时，给村民扣上“闹事”的帽子，更加便于给村民施压，即所谓师出有名。目的是使村民们不敢将事情推向更严重的境地。

从市信访局带回的村民，加上清晨在公交车上被拦截的上访村民，共计有二十多名村民被镇、村干部带到了派出所。村民们不满情绪很严重，他们希望通过自己的辩说能够促使地方干部惩罚古老板。但是刚到派出所会议室，镇干部便对他们劈头盖脸地训斥起来。镇干部告诉村民，这次上访行为完全是闹事，是违法的，并且前一天晚上村民们破坏企业生产、袭警本身就已经违法了。被镇干部这么一说，村民们感觉有理说不清了，因为他们对镇干部所说“违法”中的“法”根本不了解，又怎么为自己的行为辩解呢。村民们陷入了沉闷，一些妇女害怕得哭了起来。一番强硬的训斥式的思想教育过后，镇干部们的气消了一点，态度也稍微软了一些，要求每一个村民写下不再上访、到立义化工厂惹麻烦的保证。派出所的工作人员对村民进行逐个谈话，做笔录。

> 镇领导将去上访的二十几个人带到派出所会议室，进行教育。说这次上访是犯法的，并逐个谈话、询问、做笔录。并且要求每个人写下保证书，保证今后不再闹、不再上访，写下保证书才能放回去。（沙岗村村民上访《诉状》）

镇干部的训斥和教育虽没有让村民们心服口服，但是让村民领悟到顽抗只会带来更长时间的拘禁。经历了上一天晚上的暴力冲突、一宿的无眠、大半天的上访和干部们劈头盖脸的训斥，村民们疲乏至极，陆续写下保证书回村。

当这些因上访被抓的村民们从镇派出所回到村里时，前一天晚上被区公安局拘捕的十几位村民还没有回村，被分散羁押在几个派出所内。在派出所挨了一顿训斥的村民告诉大家，镇干部说他们阻碍立义化工厂生产、与警察和联防队员打架、上访的行为是违法的，犯有多项罪名。村民们隐约感觉到事情的严重性。公安局向检察院申请批捕后，检察院的工作人员便到村里来调查了，了解村民与警察、联防队员肢体冲突的详细经过。村民们更加紧张了。所幸检察院最终决定对大部分村民不予批捕，更没有将案件移交法院审判，没有起诉村民。村民周育才认为检察院是考虑了案情中村民主观恶性较小，为反对化工维护自己利益具有一定的正当性：

> 还整材料要起诉群众呢，走法律程序呢。检察院下来了解的时候，就不敢弄材料。为什么？因为他们也担心这个化工是有毒的，群众维护自己也有道理，检察院就不敢弄这个材料。如果检察院弄材料证实群众袭警，关起来的群众全没命，全要坐牢。（2012 年 7 月，村民周育才访谈录）

过了两三天，一些村民先被释放回村。一些村民在十多天之后被释放。村民高女士被羁押的时间最长，一个月以后才被释放回村。在此期间，高女士的家人费尽心神，托关系、送礼、请客，打通关系后交了几千元押金将高女士赎了回来。据高女士和周边村民所说，共计花费了3万元才将她从派出所弄出来。高女士被释放回村后，庄子东头又有一户人家有3口人被拘捕到派出所，一个星期以后才被放回来。每天有警车在村子里转悠，防止村民继续“闹事”。村民们因此人心惶惶。大部分村民着实被吓破了胆，恨透了古老板，但是不敢再引祸上身。

那个时候沙岗被抓的人多呐。朱爹爹家被抓了2个，宋爹爹家被关了1个，那边的人家抓了3个，是在我关了1个月回来之后再抓进去的。意思是防止我们回来之后再闹，打鸡吓猴，吓唬其他群众。我被关在派出所期间，派出所的人教训我干扰古老板的工厂生产，说人家工厂根本没有毒。家里为了把我弄出来费了很多心思呐，用掉了3万多块。加上我的医药费、误工费总共4万多块钱。（2013年1月，村民高女士访谈录）

第二节 地方问题，地方解决

当纠纷涉及基层政府利益、基层政府不愿意解决的情况下，村民们往往寄希望于高层政府。但是无论是信访基层政府还是高层政府，在现今中国社会已不是解决纠纷的有效渠道。在“属地管理、分级负责，谁主管、谁负责”的原则下，问题最终落回地方解决。

一 上达冤情：到省里去

因暴力事件被拘留的村民中，有一个人回来得最早，而且是派出所的车子送回来的。这个人是村民们口中的“龙爹爹”——60

多岁的周永龙。周永龙个头不高、清清瘦瘦，但体格强健、精力充沛，讲起话来也铿锵有力。在沙岗村与老伴种着五亩多田。因为为人正直、年高德劭，周永龙在村民中有较高的声望和威信。用周永龙自己的话说，“我在村里也好，在厂里（七八十年代的生产队集体企业）也好，我都是一个可以的人。”

8月27日那天晚上，周永龙几乎是主动要求拘捕的。周永龙的家在东西方向那条庄子的最西头（见图3—1），离场头最远。所以当天晚上发生暴力冲突时，周永龙是最后一个赶到立义化工厂的村民。到的时候村民与警察、联防队员们已经厮打起来了，眼前的混乱景象让这位阅历深厚的老汉震惊了。周永龙站在院门外看着，没有参与厮打。当警察和联防队员把被打伤的村民强行拉进警车时，周永龙愤怒了。周永龙对当时他与派出所副所长潘先生之间的对话记忆犹新：

> 我当时就讲了几句直话。我说：现在停下来，不要再这样干了，这是谁来指导的，把这么多人抓走，这是非法的；如果你们再抓人，大家一起动手把这个化工厂的墙头全部扳掉。看到我说直话，派出所副所长兼指导员潘先生这个人说：妈的，把这个老头子带走，你是什么东西，你骂谁？我说：你什么东西，我不怕你打也不怕你抓。潘先生就说：把他抓起带走。我说：你不要抓，我自己上车跟你去，我不害怕你们。之后他们就把我抓走了。(2012年7月，村民周永龙访谈录)

沙岗村的申书记与周永龙的私交较好，并且知道周永龙一个亲戚在省级部门任职，当晚申书记和村里几个干部便到派出所要求放了周永龙。因为周永龙的几句话得罪了潘所长，申书记等人到派出所时，周永龙已被人挥拳打掉了一颗牙。派出所的领导干部听了村干部的建议，叫周永龙立即回去。周永龙自知没有参与暴力冲突，没有犯法，见派出所领导干部主动放他回村，便与他们谈起了条件：

> 这样他们就叫我自己回去，夜里面就叫我回去。我说：我不回去，你们是什么车子带我来的，还要用什么车子送我回去，而且要在白天送我回去，你们不送我就不回去。我跟他们说：我去坐牢，你们凭什么把我逮过来，逮过来了我就不回去。我还跟他们说：要是你们不在白天弄车子送我回去，我明天市里都不去，直接上南京。所以第二天他们只好弄车子在大白天把我送回来。（2012 年 7 月，村民周永龙访谈录）

8 月 28 日上午，派出所用车子将周永龙送回了家。回村后，周永龙听老伴说村里一些人已经到市里上访去了。周永龙镇定地洗了澡、吃了饭，到村里卫生室去输了一瓶消炎的盐水，耐心等待着到市里上访的村民的消息。晚上，到市里上访、在派出所写了保证书的村民们回村了。听了几位村民对上访经历的描述，周永龙极为失落，深感不公。这位老农民认为市一级政府也在帮着古老板的，否则不会丢手不管，让镇干部把村民领回来。想起其他村民和自己被打的惨状，看着复产的立义化工厂，周永龙作了一个决定，把事情捅到省里去。从周永龙对这段事情的回忆中，可以看到“不要把事情弄得严重”而不是“做绝事”才是他日常的行为守则，这也是乡村社会中一般农民遵循的道德规范。但是立义化工厂烧假炉子设下圈套，村民们被打被抓，还要顶上各种罪名，这位敦厚质朴的老汉忍不下去了。

> 不瞒你说，我回到家，我家的奶奶（妻子/老太太）望着我就哭了。我身上的衣服都被弄得不成样子，有泥有血，脏呐。一个牙齿被打掉了。我跟她说：你不要哭了，烧点水给我洗个澡。洗好了澡，我去挂了一瓶盐水消炎，因为当时嘴里、脸上都肿了。

我这个人有两个特点：一个是爱好打抱不平；另一个是喜欢劝人不要把事情弄得严重，要把事情处理好，不要做绝事。所以，古老板这个事情，如果不是把我们村里的老百姓打得那个样子，我是不会得上南京去上访的。

事情紧急，我先拿的家里的钱上南京去的。家里当时总共只有700块钱，全带上了。我为什么要到省里去，他们（市里上访的村民）到市里没有用，市里的干部还保护他（古老板）呀。（2012年7月，村民周永龙访谈录）

当晚，周永龙找到了同族里的年轻人周维成。周维成是高中毕业，文字表达能力在村民当中首屈一指。两人商量好，准备了一份手写的上访材料。上访材料里，写明了上访事由：请求“父母官们”为民做主，还他们“安定的生活空间”。

因群众是无知的，没有法律意识，只知道他（立义化工厂）生产对我们的生命、财产带来威胁，未经法律部门而集中到厂区要求停产，这是错误的。但是村镇领导不顾及群众利益，千方百计让其无手续生产，这就对吗？派出所人员对群众进行殴打这就对吗？镇领导阻碍群众上访，这就对吗？群众对此无法理解，只有请法律部门、父母官们、敢于说话的人们给群众做主，给群众一个自由自在的安定的生活空间。（沙岗村村民上访《诉状》）

周永龙跟周维成约好，第二天凌晨4点钟两人一起出发到南京，争取当天去当天回，不让村里干部发现。第二天两人出发之后，刚好村干部到周永龙家找他谈话，发现周永龙不在家。谨慎的村干部生了疑心，从周永龙老伴的口中追问出周永龙到南京上访的消息。村干部赶紧通知了镇里的领导干部。因为暴力冲突的事情涉及到区公安局，镇里通知了区公安局。于是，区公安局、镇政府、镇派出所和村委会的人员，一起赶往南京。

周永龙和周维成没来过南京，两人一路打听，来到了省信访局，找到了周永龙的亲戚，省信访局的宋科长。俗话讲，熟人好办事。据周永龙回忆，那是个大热天，宋科长弄了绿豆茶和红豆粥招待他们，详细问他们村里的情况。他们感觉省里干部与地方上不同，像亲人一样。但是刚到一会，宋科长把周永龙和周维成喊到了办公室外面，告诉周永龙地方干部已经在赶来的路上，并且打电话过来要求扣住周永龙和周维成。

> 老宋就把我们两个喊到外面，跟我们说你们家里（地方政府）来人了，电话已经打过来了，要把你们扣到这里，你说怎么弄法。老宋叫我们把带去的材料放在信访局，从东路回去，因为他们是从西路来的。承他之情，他叫人用小车子特地把我们一直送到走东路的车站。（2012 年 7 月，村民周永龙访谈录）

在宋科长的帮助下，周永龙和周维成顺利地回到村里。到家时已经晚上 11 点多。村里的郭主任和甘主任在周永龙家附近，看到周永龙回家后，立即打电话向镇里领导汇报。镇里领导要求把周永龙抓起来带过去。于是郭主任和甘主任来到周永龙家里。村干部不同于镇里领导或者是派出所的工作人员，在同一个村里与周永龙相处了几十年，了解周永龙的为人，对周永龙也有几分尊敬。周永龙拒绝跟他们走，他们也不便强行拖押着周永龙跟他们走，磨了 2 小时的嘴皮子，最终作罢。

> 我们村里的甘主任看到我回来了，他没有喊我，打个电话告诉上面这些人我已经到家了。那些人就叫他把我逮上去。我都听见了。过了几分钟，郭主任和甘主任就到我家里来了。我就问他们：你们这么晚来干什么。他们说想请我去谈个事情。

我说我不去，你们刚才电话里有人叫把我逮上去，是谁叫的？他们就笑起来了。我跟他们说我是去了南京，不过今天晚上我不跟他们去，我年纪大了，要去明天白天去，我肯定不跑（逃跑/躲到其他地方）。甘主任就从我家走出去了，我估计是去打电话跟他们联系了。后来，他们又在我家磨了2个小时，我也没去，最后他们就走了。（2012年7月，村民周永龙访谈录）

第二天，周永龙给省信访局的宋科长打了一个电话。电话里，宋科长告诉周永龙上一天区公安局带了手铐，是准备来抓周永龙和周维成的。宋科长叫周永龙放心，他已经提示过乡镇干部，不要逮捕周永龙，不要把事情弄得更加麻烦。周永龙放下了心，安心地等着上面有人下来调查和解决问题。

一个多月时间过去了，村民们等得有些心焦了。因为上次到市里上访被镇干部抓到了派出所，村里没有人再敢到市里上访。大家请求龙爹爹再去趟省里。这一次，准备了打印版的上访材料，并在上访材料上加上了暴力冲突对村民造成的经济损失，包括医药费、误工费以及给派出所交的押金，期望事情获得最终的处理，并能够对村民们的经济损失给予补偿。大家自愿性地集资了3000多元钱，交给了周永龙。

这些群众他家给50块、你家给30块，集资了一点点钱去上访。他们真的是可怜呢。（2012年7月，村民周育才访谈录）

大家推举了村民周江耕和薛女士，与周永龙一起去。带上了准备好的材料、村民受伤后拍的照片以及血衣，周永龙、周江耕和薛女士出发了。出发前，周永龙对村民们做了保证：

> 我当时跟大家是做了保证的，如果上面哪怕只给1000块钱，我都分给大家。有的群众说：老头子，你们去上访吃了苦的，我们的（集资上访的）钱不要了。我说你们别瞎说，该分给大家的一定要分。但是到最后上面也没有一分钱到我们手上。(2012年7月，村民周永龙访谈录)

这一次，大家先到了省政府，期望着能够见到省里主要领导，当面与省领导诉说冤情、苦情。村民们摸到了省政府门口，却吃了闭门羹，只得再去省信访局找宋科长。村民们到信访局时，碰上很多省里各地来上访的群众，宋科长没法分身专门接待他们。三个人自己买了东西吃，在宾馆住了一晚，计划第二天再去。但是第二天宋科长依然很忙，没有时间单独与他们三人交谈。宋科长吩咐其他工作人员接下村民的上访材料，叫他们先回村，会给他们解决问题。

> 头一批去了上面不问，不下来东西（批示），第二批才去的。中间隔了一个多月。我是第2批去的。去了那边，没有人招待我们，自己买点吃吃。住在宾馆一宿。信访局那边上访的人多呢。工作人员叫我们先回去，会给我们解决。实际上是哄我们回来。(2011年10月，村民薛女士访谈录)

周永龙、周江耕和薛女士三人回到村里，虽然告诉村民们省里已经收了他们的材料，并答复会给他们解决问题，但是三人多少有些丧气和失望。到省里上访并不像他们想象中那样可以见到省领导，将自己的冤屈直接上达到省主要领导那里。他们担心这次上访会跟一个多月前的上访一样，石沉大海，杳无音讯。

二　向下批转:落回地方

经验局限于乡村的沙岗村村民们并不了解当前有关信访的法律

规定，更不了接各级国家机关在信访事项的一般处理办法。在他们的观念中，既然问题上达到省里，必然会有省高层领导亲自处理他们的上访信。所以，村民们将信访材料提交到省信访局之后，期盼着省领导派人直接到地方上秘密调查，查明真相后会严惩立义化工厂和基层政府中护卫立义化工厂的主要官员。等了一两个月时间，发现没有人来村里明察暗访，村民们认为省里是管了的，但是地方上不执行。

实际上，在信访制度设置中，“分级负责”始终是核心的原则，绝大多数的信访问题由信访局向下转发，并非全部如村民所认为的那样由省高层里面过问。1995 年 10 月国务院发布的《信访条例》规定办理信访的核心原则是“分级负责、归口办理，谁主管、谁负责”。2005 年 5 月 1 日施行的新修订的《信访条例》第二十一条规定，“信访事项涉及下级行政机关或者其工作人员的，按照‘属地管理、分级负责，谁主管、谁负责’的原则，直接转送有权处理的行政机关，并抄送下一级人民政府信访工作机构。”[①] 按照“分级负责”的原则，信访事项涉及的是哪一级职权范围内的问题，就由信访局下转至哪一级负责处理。2005 年的新《信访条例》中更是“分级负责”的基础上强化了“属地管理”的原则。2005 年的新《信访条例》第二十一条同时规定，“情况重大、紧急的，应当及时提出建议，报请本级人民政府决定。”[②] 但“情况重大”或是“紧急的”，往往是针对政府部门而言，而不是针对信访人来说的。因为，信访人来上访本身就表明事情对他们来讲是“情况重大”并“紧急”的。但是，在信访部门内部，对事情的重大、紧急程度有一套通行的衡量标准，比如伤亡人数多少，引起重大社会稳定问题的可能性，等等，绝大部分的信访并不属于“情况重

---

① 资料来源：国家信访局门户网，国务院《信访条例》。http：//www.gjxfj.gov.cn/2005—01/18/content_ 3583093.htm

② 资料来源：同上。

大”、“紧急的”范围之内。普通信访人对这一套信访部门内部标准往往是不清楚的。在这样的标准之下，绝大部分的信访实际上是批转到地方，由地方来解决的。

由此可以大致判断周永龙等村民两次到省里上访，其处理程序可能是这样的：省信访局在“属地管理”、“分级负责”的原则下将信访材料向下“直接转送有权处理的行政机关”——盐城市环保局承办，并抄送给盐城市信访局；盐城市环保局则将信访材料转给区环保局承办；区环保局则可能将事情交由下属环境监察局办理(大台镇未设环保所)。环境监察局将相关处理结果的汇报材料上交给区环保局，区环保局在此基础上形成区一级汇报材料上交市环保局，最后市环保局形成针对此次信访事项的处理回复，上交给省信访局。省信访局收到的信访处理回复名义上为市环保局提交，但实际上信访处理结果及其相关材料的核心部分是区环保局下属环境监察局完成的。至于沙岗村村民提交的信访事项是否获得真实的解决，取决于区环保局下属的环境监察局。与此同时，按照 2005 年新《信访条例》三十二条规定，“对信访事项有权处理的行政机关经调查核实，应当依照有关法律、法规、规章及其他有关规定，分别作出以下处理，并书面答复信访人”①。但是在实际的操作中，对信访人的书面答复常常被免掉了。因此，从信访制度的实际运作来看，民众上访并不具有实际意义，问题最终都转回地方处理。

三　省委书记的批示

在一般情况下，当村民们连续两次上访均没有回音，会因为上访的预期效果下降不愿再付出成本重复上访。但是沙岗村的周永龙是一个特别的人，用他自己的话说，“我这个人个性强”。他这里所说的“个性强”并不是脾气坏、固执，而是不轻易放弃。几个

---

① 资料来源：国家信访局门户网，国务院《信访条例》。http：//www. gjxfj. gov. cn/2005—01/18/content_ 3583093. htm

月后，这位龙爹爹带着村里的另一位年轻人周建国，第3次到省里上访。这次周永龙带着必须解决问题的决心，在省城南京多住了几天。到南京的第二天到信访局找了宋科长，了解到他们前次上访已被批转给了市里处理，省里没有领导专门批示。周永龙对信访局处理问题失去了信心，这天晚上回到宾馆，心里计划着怎么才能引起省里主要领导干部的注意。第三天，周永龙带着周建国来到省委省政府，两人长跪在省委大院门口，手举当时村民们被打的血衣和上访材料，等着有省领导注意到他们。

周永龙的不懈努力为他带来了好运气。这一次上访周永龙终于得偿所愿，得到了省领导的重视。据周永龙回忆，省委书记刚好从外面办事回来，看到了他，并且亲自过问他们上访的问题。周永龙回忆说，省委书记对他们的上访亲自作了批示，要求彻底查清立义化工厂污染、沙岗村村民被打、被抓等一系列事宜；省委书记的秘书向他们补充说，这次肯定给予村民彻底解决问题，村民们上访的车费等一系列费用也会全部结清。

> 第3次，我们待在那里的第3天，我们就跪在省委大院的大门口，举着我们带的东西：这个老头子（邹先生）的血衣和我们弄的材料。这个事情就好像注定要解决了，省委书记的车子从外面回来，省委书记看到我们跪在那里就问：那些人跪在那里干什么的？有人就告诉他说：就是上一次来的那些人。省委书记就问：是怎么一回事，把材料拿给我。后来他就批示了，叫秘书打个电话给盐城市委书记，叫他把这个事情解决一下。盐城市委书记在电话里面说：我们不知道这个事情，说他们没有来找我们。我们也就当场强调了几句，说不是我们没有去找他，而是我们哪个人去找他的话，哪个就要被地方干部逮捕起来。(2012年7月，村民周永龙访谈录)

有了省领导的批示，周永龙高兴地回到村里，等待着事情的处理。回村后的第3天，村委会的郭主任来到周永龙家里通知周永龙：明天不要外出，早晨8点钟省里、市里会有人下来找他谈话，给他解决上访提出的问题。前后跑了这么多次，终于有解决的希望了，周永龙不禁有些振奋。第二天一早，周永龙按照约定在家里等候。但是到了上午10点钟，还没有等到有人来找他。他着急了，叫老伴在家里不要出门，以防有人来找他遇不到人，自己跑到村部找郭主任。周永龙问郭主任，怎么今天没有人来找他，是不是时间弄错了。郭主任却回复周永龙说，省里、市里的人已经走了，事情调查清楚了，要给群众补贴8000块钱。周永龙很高兴，没有产生什么疑虑，等着上面拨下这8000块钱。但最终结果让周永龙灰心失望，"到后头连8分钱都没有望见"。周永龙渐渐有了疑虑，毕竟省领导批示了，怎么事情像前两次一样"闷掉了"。周永龙一个人又跑了一趟省信访局。到省信访局后发现，他的上访已经结案，并且在结案意见书上有他的签名和手印——被人代签了。

> 后来我不服，又上南京去。我就去问他们（信访局），说好给我解决掉的，为什么没有找我，没有人给我答复。那边一个秘书（工作人员）就把文件拿给我看。省委书记批示下去之后，下面必须得有个回复的文件送上来。他们把下面回复的文件拿给我看，对着文件给我讲解说：村里面盖章了，镇里面也盖章了，区里面也盖章了，村委会法人代表甘主任盖了章，你自己签的字也在这个上面呢，还有个手印。我一看，那上面不是我签的字。不过那上面字已经签掉了，那么多的公章盖在上面，我还有什么好说。我说我没有签。但是信访局说，你说你没有签，但是这个东西在这里呢，批示回复上来有你签的字呢。信访局的就劝我回去歇歇吧，年纪这么大了，照顾我们给我们把车费解决掉。(2012年7月，村民周永龙访谈录)

高层政府与基层政府相比，更不熟悉地方情况，且不会事无巨细地花费高额成本做细致的调查。这给地方政府很大的回旋余地。因此，即便周永龙费尽艰辛并机缘巧合地引起省领导对其上访亲自批示，当问题的解决最终落到地方政府层面时，问题获得解决的可能性又回到了原点。

第三节　地方问题,地方不解决

既然地方上的问题，最终几乎都落到地方上来解决，那么地方政府在什么样的情况下解决问题，在什么样的情况下不解决，为什么不解决？周永龙将问题捅到了省里，并且获得省委书记的亲自批示，在此情况之下，如果地方政府按照批示彻底查清事实，公安局等相关部门的领导干部便会因为参与性质恶劣的设局而官位不保，地方政府主要领导干部也会因此受到相当的牵连。这是问题落到地方后不能获得解决的重要原因。

一　三重利益:地方不解决

问题落到地方以后，地方政府在考虑如何解决问题时首先考虑的便是其自身的利益。一般而言，地方政府的主要职责是经济发展和社会稳定，在地方政府的表述中是“一手抓经济，一手抓稳定”。相应地，对地方政府而言，发展和稳定是其核心利益。如果地方政府的一届领导班子将经济发展和社会稳定两项工作抓好了，不仅在形式上保证了一方百姓的利益，保证了财政收入，在实质上也保证了本届领导班子或者说主要领导干部自身仕途顺畅。因此，在实际的问题处理中，除了经济和稳定因素外，有一个最基本的利益问题主导着地方政府的行为——保住“乌纱帽”，即保住官位。

在沙岗村村民与立义化工厂间的纠纷演进中，地方政府的利益影响情况随着纠纷的升级发生变化。变化的主要关节点有三个，第一个是村民要求立义化工厂停产；第二个是暴力冲突的发生；第三个则是周永龙到省里上访。以下我们从这三个关节点出发讨论地方政府的利益受影响情况，以及相应利益影响情况下地方政府对是否为村民解决问题的考虑。

图4—1为沙岗村村民与立义化工厂间的纠纷发展对地方政府利益影响的简单示意图。横轴表示纠纷演进时序，纵轴为地方政府利益的影响。横轴上有3个分期点，A点为村民要求立义化工厂停产，B点为暴力冲突的发生，C点为周永龙到省里上访。纵轴上也有3个点，由低到高第一个点表示地方政府的经济利益受到影响；第二个点表示地方政府在经济发展和社会稳定两个层面上的利益受到影响；第三个点表示地方政府在主要领导干部的官位、经济发展和社会稳定三重利益都受到影响。

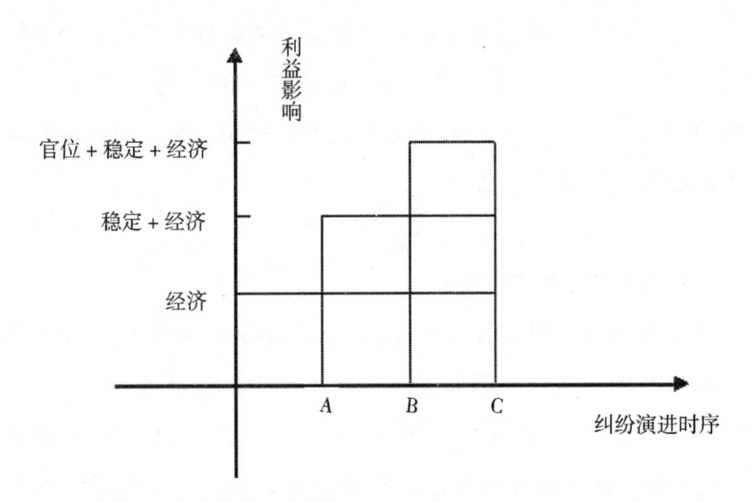

图4—1　村民与污染企业间的纠纷发展对地方政府利益的影响

第一，村民发现立义化工厂偷排污水并影响秧苗生长之后，坚持要求立义化工厂履行承诺、立即停产，这时地方政府的经济利益受到了影响。首先，作为最直接的影响，如果地方政府顺应村民的要求责令立义化工厂关停，地方政府将直接损失一年百万的财政税收。其次，地方政府必须统筹考虑整个地方化工行业的发展问题，这就必须考虑到给予化工企业怎样的生存空间的问题。如果因为一点污染问题，顺应村民的要求关停立义化工厂，那么会对全乡镇乃至全区范围内的村庄产生一种示范效应。即是说只要其他村庄里的村民发现一点污染问题，也会效仿、套用沙岗村村民的办法要求地方政府关停化工厂。在2002年前后，化工产业是地方政府的工业发展计划中的重心，大量化工厂在招商引资中进入。如果关停立义化工厂，必然会产生一定的示范效应，可能会对整个化工行业产生重创，相应地地方政府在经济发展这一块的政绩将受较大影响。因此，虽然村民坚决反对立义化工厂复产，但地方政府选择花费大量的精力开群众会来做群众的思想工作，而不会选择关停立义化工厂。也因此，村民们想要地方政府为他们解决的实际问题不能获得解决。

第二，由立义化工厂引发的村民与警察、联防队员之间的暴力冲突发生后，村民们内在更加坚决地要求关停立义化工厂，并且因为在暴力冲突中受到较为严重的身体伤害对地方政府及其相关部门产生了强烈的对立情绪。对于地方政府而言，如果顺应村民的要求关停立义化工厂，结果如上文所言会影响到地方政府的经济利益；如果不顺应村民的要求放任立义化工厂继续生产，村民们对地方政府及其相关部门的对立情绪则会升级，有可能会产生更为严重的冲突事件，地方政府可能因为维护社会稳定不力受到上级的处罚。在此矛盾之中，地方政府选择通过拘捕、训斥和威吓参与暴力冲突以及到市里上访的村民，使他们惮于再“闹事”，从而达到了地方政府的利益最优——村民既不敢再反对立义化工厂的生产，也不敢再制造冲突事件。这样，村民们想要地方政府为他们解决的实际问题还是不能获得解决。

第三，周永龙将问题捅到了省里，着实使地方政府及其相关部门的主要领导干部担惊受怕，因为如果问题被省级领导查实，地方政府在上述三个层面上的利益都会受到影响，并且已经触及地方主要领导干部最根本的利益——官位。其一，立义化工厂可能会被责令关停。其二，省级领导会因为发生暴力冲突、强化群众与政府的对立，追究地方干部维护社会稳定工作不力的责任。其三，最为重要的是地方公安局相关领导干部参与蓄意设局“烧假炉子”、制造村民袭警证据、拘捕村民事件的问题极为严重，性质极其恶劣。如果这一事件被查实，那么不仅地方公安局相关干部会因为渎职受到严重处分，地方政府主要领导干部必然也要承担相应的责任，弄不好便官位不保了。

由此，我们便能理解为什么当省里工作人员下来调查问题时，地方政府找人代替上访当事人周永龙与省里的工作人员谈话，并代替周永龙在结案意见书上签字，制造相关问题已经与当事人沟通获得解决的假象回复给省领导。这实际上是地方政府求得自保的唯一办法。于是，村民们想要解决的实际问题不能获得解决。

二 监管缺位，污染肆虐

可以说省委书记亲自批示的事情被地方政府用找人代签的办法灵活解决后，沙岗村村民失去了解决问题、平反冤屈的最佳机会。此后，因为对到省里上访失去了信心，周永龙以及村里其他村民没有再到省里上访，到市和区信访局走访几次，也都没产生实际的效果。村民薛女士说：

> 材料一份份地送给他们，一送给他们就闷掉了，一送给他们就闷掉了！（2011 年 10 月，村民薛女士访谈录）

对于地方政府来说，上访头子周永龙是个麻烦人物。如果把周永龙摆平了，沙岗村村民给他们带来的威胁也就减少了一大半。2003 年，地方干部想出了一个办法——周永龙的儿子一直有当干部的愿想，顺势提拔周永龙的儿子当村干。俗话说“虎毒不食子”、舐犊情深，在儿子如愿当上村干部之后，为了顾及儿子的职位，周永龙没有再出头上访。

> 村书记申先生跟我处得可以，加上我儿子也快当村干部，申书记就跟我说：以后照顾照顾你就是了。所以，这个事情就

搁到现在了。(2012 年 7 月，村民周永龙访谈录)

以前主要是龙爹爹去上访的。后头龙爹爹的儿子要当队长，大队干部和他儿子都做他的工作，叫他不要去上访。龙爹爹也就不去了，怕儿子的工作掉了。(2012 年 7 月，村民朱老人访谈录)

大部分村民因为被打、被拘害怕了，周永龙也被摆平了，地方政府大力支持化工产业，这一系列因素对立义化工厂而言构成了一个理想的可以肆意排污的社会空间。接下来的 2003 年和 2004 年是古老板的幸运年，不仅工厂效益节节攀升，还因为成为地方利税大户获得了"盐城市十大标本企业的称号"、"二十强企业"。更让古老板称心如意的是经济资源为他带来了丰富的社会资源和政治资源。2003 年和 2004 年古老板荣升为区第 11、第 12 届政协委员①。

"光环"的增多和各种资源的汇聚，使古老板与地方政府相关部门的关系更加亲密。立义化工厂门口新增了一块醒目的大牌子，在一定程度上彰显出古老板与地方政府相关部门之间的亲密关系。大牌子上写有 18 个显赫的隶体大字："大台派出所驻立义化工有限公司保安中队"。村委会甘主任曾向笔者解释说，立义化工厂门口挂上这么一块牌子的目的是维护厂内治安和防止工人上下班偷东西。但是无论最初挂上去的目的是什么，这块牌子挂上去之后，对沙岗村村民来说，时刻警醒着他们立义化工厂是受地方政府、地方派出所维护的。也提醒着村民曾因阻止立义化工厂生产被打、被拘的经历，让大家不再敢靠近立义化工厂，更不敢因为污染受害找古老板的麻烦。

此后数年间，立义化工厂更加肆意地排污。按环保部门规定，立义化工厂为"废水不外排"企业。到 2004 年 8 月，立义化工厂

---

① 盐都区政协网上尚有相关信息：《政协盐都区第十一届委员会》http：//www. jsydzx. gov. cn/Article/Print. asp? ArticleID = 390。

中已经生产2年半时间的氯代醚酮项目才通过环保局验收。氯代醚酮的合成产生钾盐水、母液、酸性废水、间接冷却水等废水。根据环保部门的验收要求，钾盐水、酸性废水、间接冷却水需要经过中和、吸附以后回用。钾盐水也可以在收集后出售给有资质的单位，母液应外售。但是立义化工厂从未对生产过程中产生的废水进行处理，除2006年和2007年有一部分钾盐废水曾外售，大部分钾盐废水以及其他废水均直接排放到沙岗村的生产河中[①]。其中，钾盐废水含酚类物质，为有毒、有害的危险废水。

沙岗村的村民们饱受污染之苦。空气污染有增无减，村民们继续过上了一年四季关门关窗过日子的煎熬生活。水污染影响到了农作物的产量和质量，村民的经济收入和食物安全受到严重的影响。以水稻为例，污水灌溉导致水稻矮株不长，秕子[②]比例高，亩产减少300—400斤，并且含有浓烈的化工气味。与此同时，水稻种植所需的肥料和打药防病的成本增高。各家各户的蔬菜原本可以自家食用，并且可以将剩余的蔬菜拿到镇上或市区去卖，水污染和空气污染导致村民们自家吃的蔬菜都必须到镇上去购买。

> 河旁边的农田里种出来的米不能吃，味道重。村民都是把这些米卖掉，从外面买米回来吃。河边种的蔬菜也不能吃，有些人就不在这河边种菜了。有些人还在这河边种蔬菜，但是不用河里的水浇菜，到远的地方挑水回来浇菜。（2009年3月，村民田女士访谈录）
>
> 我们的蔬菜都不能吃，吃的时候那个味道重，吃了之后不停咳嗽。蔬菜拿到街上卖，人家要听说我们是沙岗的，就不买了。后来我们就不种了。我们这边的田当时一亩减产三四百

---

① 资料来源：凤凰网“崔某环境监管失职案”http：//finance. ifeng. com/roll/20121130/7368812. shtml

② 秕子，意指颗粒不饱满或者空的稻谷。

斤。稻子收上来，打不出米来，都是秕子。人家一亩收一千二三百斤，我们一亩七八百斤。这个稻子收上来我们都卖掉了，不敢吃。卖给小贩子，小贩子把米卖给大的收购站，兑起来，就吃不出什么味道了。化工厂周围那时候都长不出草来，毒水经过的地方就像是被火烧了。周边的人都知道我们这边污染严重。人家都说我们村上的老百姓无能。我们弄不动他呀。(2011 年 10 月，村民薛女士访谈录)

我们这边是鱼米之乡，从我记事一直种水稻。每亩水稻田受污染影响减产 400 斤左右，正常产量一千二三百斤，污染影响后产量只有八九百斤。大部分都卖掉了，从外面买米回来吃。(2011 年 10 月，村民黄先生访谈录)

河水污染对世代亲水生活的村民们的日常生活产生了许多不便。如前文所述，河流与村民们的日常生活有着紧密的关系。比如，在河里养几只鸭子，获得的鸭蛋方便家里的大人小孩食用；村民们在春季买几斤小鱼苗放养到河里，冬季将这些已经长大的鱼捞出来，各家分一些；河水被用来洗菜洗衣；夏季干农活回来，沙岗村的村民们习惯拿着毛巾直接在河边洗去一身汗泥。河水遭到污染后渐渐发红发黑，漂浮着泡沫，不能使用，村民们自幼养成并延续了几十年的生活习惯也就被迫改变了。村民们生活节俭，日常开支精打细算。河水不能使用导致自来水使用量陡然增加，这不仅不符合村民的生活习惯，还增加了生活开支。虽然增加的钱数不多，但对于村民来说是十分不舍的。

有七八年，我们河里的水都不能用。我们用的自来水是村里的深井水。河水不能用之后，自来水用双倍都不止。自来水是要交钱的。(2012 年 7 月，村民邹先生访谈录)

污染受害的数年间，村民们曾尝试要求古老板对他们的损失给予一些补偿，基本遭到了拒绝。因为村中水流相通，绝大部分水稻田受影响减产。村民们要求古老板给予一定的歉收补贴，但古老板仅承认工厂周边完全长不出稻子的一小块地方是受其影响，给予极少的补贴。村民们只能忍气吞声。一些村民请古老板为村里修一条水泥路、补贴一点自来水钱或者盖一小间公共厕所，都遭到了拒绝。

河水不能用，自来水就用得多了，我们叫他（古老板）补贴一点自来水钱，他不肯。叫他给我们弄条水泥路，他也不肯他。他把我们场头的房子拆掉了，场头原本有一个我们公共的男女厕所也被他拆掉了，我们就叫他在路西新场头那里给我们重新盖一个公共厕所，我们在那里收庄稼上厕所不方便的，但是他不肯。以前我们到老场头有一条路，他到这里办厂以后，就连这条路都不肯我们走。他这个人太小气了。对群众一点点贡献都没有。（2012 年 7 月，村民薛女士访谈录）

他太小气了。我们的路坏了，问他要点炭屎（锅炉烧煤排出的废渣）铺路，他都说没有。他厂里烧的炭屎给别人装走，我们一点都拖不到。你看他厂在这块，但是一点点东西不给我们，叫社员灰心。他要是对我们沙岗有点贡献，社员对他也不会得是这个样子。（2012 年 7 月，村民朱老人访谈录）

古老板来沙岗村办厂之前，他的小气就是出了名的。进沙岗村之后，村民们真正感受到了他的小气。但也有些村民认为，古老板的小气是有选择性的，之所以对沙岗村民如此小气，不仅因为之前的种种冲突，还因为他根本看不起村民。相反，古老板对上面的领导干部是极其大方的。这种看法并非出自村民的想象或者是空穴来风，因为古老板在村民们向他要水稻补偿的时候曾对村民说过：在上面用千万，不在村民身上用一分钱。村民们因污染受害，但没有得到应有的补偿。

古老板那个时候跟我们说：你们沙岗的群众都来也没有用，我在上面用千万，不在你们沙岗群众身上用一分钱。这个里面就是官官相护，欺的就是我们老百姓。当官的支持他（古老板），收了他的钱的。（2012年7月，村民周永龙访谈录）

三　筑坝拦污与开坝通污

立义化工厂的生产规模日渐扩大。2005年11月开始，立义化工厂未经相关部门批准，私自在氯代醚酮车间套产甘宝素。2006年以后，立义化工厂的生产项目逐渐增加为氯代醚酮、甘宝素、工业氯化钾、结晶氯化铝、纯碱、双氧水等十多个化工产品。因为废水直排，随着生产规模的扩大，废水排放量也大幅增多。加之技术不过关，经常因为操作出错产生合成了一半的废料。工人们在古老板的安排下偷偷将这些废料卸进河里。废料中的污染物质含量极高，一次废料下水将造成沙岗村内的生产河里浓味刺鼻，持续多日。

为了减轻污染对自身的影响，村民决定筑坝自救。立义化工厂有两个排水口，分别设在厂区东侧和北侧。废水通过排水口流进横向的生产河2和纵向的生产河A。因为沙岗村的水流自西南流进，从东北流出，立义化工厂的污水排下生产河之后，大部分向北向东汇入与镇化肥厂相邻的河流L。经河流L之后，流入串场河，经新洋港河，最终流入黄海。（见图4—2和图3—1）村民们筑了3个坝头。生产河2上东西各有一个，生产河A上有一个（见图4—2）。这样污水基本被截在生产河2上东西两个坝头的中间，约为100多米长的河段里。沙岗村庄、生产河A以东以及生产河2西半边的农田不再受污水的影响。

筑坝后村里各家都将受益，因此各家各户出劳力参与筑坝。筑坝需要大量的泥土，村民们各家出让菜地用来挖泥。泥土挖好后，或用蛇皮袋装好，一袋袋地扛过去，或用灰兜装好一担一担地挑过去。将泥土倒在河里之后，有专人在河里用铁锨将泥土夯实。筑一

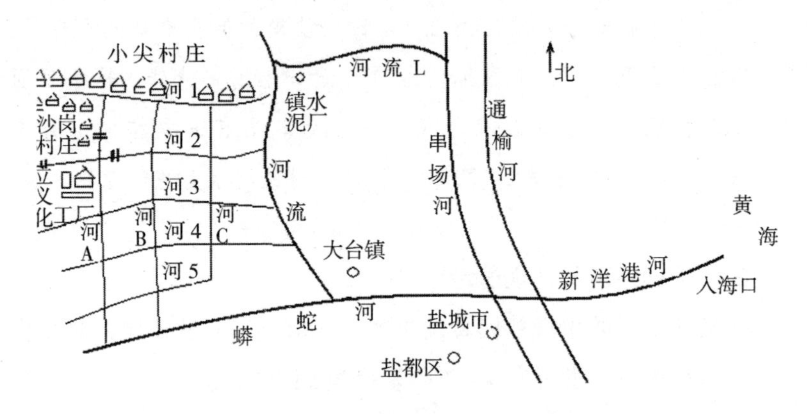

图 4—2　沙岗村村民筑坝自救示意图

次坝头是一件很费劲的体力活，但也是一件让村民们看得到希望的事。

在古老板看来，这坝头是一定要开的。古老板并不打算因为村民们筑坝拦污了就花费大量成本处理污水。因为他有更好的替代办法：古老板一边将村民筑坝的事情上报给镇里的水利站，一边通知村干部说村里的老百姓又想闹事了。水利部门接到消息后马上派人将坝头挖开，并与村干部一起教育村民私自筑坝阻碍河水流通是违法行为。因为先前被打、被拘的教训，村民们怯于违法。水利站将坝头挖开之后，村民们不敢立即筑坝，也不敢去找古老板理论。一段时间后，当立义化工厂排污特别严重时，村民们又组织起来筑坝。村民们发现纯泥土筑的坝头很容易便被挖开，便砍来一些树枝，混着泥土重新将坝头筑起来。古老板则请来挖土机将坝头扒开。村民们前后筑坝拦污 4 次，水利部门则 4 次开坝通污。

> 我们村的人前前后后 4 次用土坝把河拦起来，把毒水拦在化工厂那一边。但是化工厂的人把水利局的人请过来，用机器把我们筑的土坝挖掉。大队干部都过来，不允许我们筑土坝。(2009 年 3 月，村民田女士访谈录)
>
> 我们弄了三道坝。我们把坝堆得比水面高一点。为了打坝

头，我们家家出地方挖泥土，把种蔬菜的地方都挖掉了。挖好了之后，各家用口袋装起来，运到河边上。他（古老板）找大队干部、水利站上来开坝。有时候白天刚把坝头打好，他夜里就找人来开掉了。有的时候，过一个月来开。后面我们没有办法，把一些草、树枝、杈杈钉子弄到坝头里面去，叫他们不好开坝。费心呐！他们呢就用扒土机来扒。筑了扒、扒了筑、筑了又扒，来来回回好几次，就弄这种事情。坝头被扒掉以后我们没去找他（古老板），自从那次灭炉子被打了以后，我们也不敢再去找他了。再说找了也没用。我们就不找他了。（2012 年 7 月，村民薛女士访谈录）

根据《中华人民共和国水污染防治法》（1996 年修正），“各级人民政府的水利管理部门、卫生行政部门、地质矿产部门、市政管理部门、重要江河的水源保护机构，结合各自的职责，协同环境保护部门对水污染防治实施监督管理。”① 但是在沙岗村的水污染问题处理实践中，国家法律成为一纸空文，水利部门不仅没有做到监督污染问题，反而利用职权“通”流合“污”。水污染问题、农民因污染受害的问题，不仅不能因相关职能部门获得帮助，反而因这些职能部门的介入更难解决。

第四节　乡村社区与政府的互动逻辑阐释

从受害村民反抗污染企业而地方政府及其相关职能部门保护污染企业的经验事实，我们最先能感受到的是乡村社区与政府的某种对立。这种对立会让我们自然而然地联想到“强国家、弱社会”解释范式，在“国家—社会”的解释框架下理解经验事实。但是

① 法律图书馆网：《中华人民共和国水污染防治法（1996 年）》http：//www.law—lib.com/law/law_ view.asp？id＝279

深入到现象的背后则会发现，即使在乡村工业污染的问题上，乡村社区与政府之间也不完全是一种对立关系。简单使用“国家—社会”解释框架，只能让我们陷入一种简单化的、极端的、偏离经验现实的解释困境。

虽然近20年中，“国家—社会”的解释框架非常频繁地被用来解释中国现象，但是需要警惕的是，国家与社会间二元对立的图式是近代西方经验里抽象出来的理想构造和分析框架，并不能简单用来分析中国的经验事实。①② 在中国社会，国家与社会的关系结构与西方社会不同，并不简单是西方社会中基于“权利越界”或者“权利侵害”③ 形成冲突或者对立关系。差序礼义而不是权利是中国社会中关系结构的基础。从村民的角度而言，村民对他们与国家、政府的关系的想象是基于费孝通所描述的由己外推式的差序性的关系，对国家、政府的期望则是基于这一关系的礼义。因此，我们需要在这一认知前提下理解村民与政府之间的互动逻辑。

一 差序礼义:找政府的乡村意义

暴力冲突发生后的第二天，沙岗村的村民们便聚集起来找政府帮他们解决问题，当找地方政府不能解决问题时，村民们便持续到省里上访，期望省政府可以帮他们解决问题。这是因为在村民们的朴素观念中：企业排污威胁了他们的基本生存，这样的问题应该由政府来管，政府的职责内容包括了惩戒污染企业并还村民一个公道；既然地方的干部不管甚至偏向于污染企业，在这种情况下问题应该由上级的政府来管。所以上访在他们看来是自然而然的解决问

① 季卫东：《评判者的千虑与一失》，载张静主编：《国家与社会》，浙江人民出版社1998年版，第39—40页。

② 黄宗智：《中国的“公共领域”与“市民社会”？——国家与社会间的第三领域》，载社会学视野网，2010年7月。http://www.sociologyol.org/yanjiubankuai/tuijianyueedu/tuijianyueduliebiao/2010—07—08/10564.html

③ 张静主编：《国家与社会》，浙江人民出版社1998年版，第3—4页。

题的途径。这一朴素观念，不是凭空生起的，而是基于历史的、社会的、文化的习惯。

在中国传统社会中，社会关系的基本特征可用差序礼义一词概况。费孝通将中国传统乡土社会中社会关系的格局称为“差序格局”，个人与他人所形成的社会关系像“水的波纹一般，一圈圈推出去，愈推愈远，也愈推愈薄”。[①] 即是说个人与他人之间的关系有亲疏远近之分，是差序性的。关系有亲疏远近，实质上是因为亲疏程度不同的关系所对应的“义”是差序性的。如梁漱溟所说，“父义当慈，子义当孝，兄之义友，弟之义恭。夫妇、朋友乃至一切相与之人，莫不自然互有应尽之义。伦理关系，即是情谊关系，亦即是其相互间的一种义务关系。”[②] 如前文所述，儒家国家学说核心的“礼”原本取自民间宗法伦理，在此层面上的“礼”与人们处理关系必须遵从的“义”相通。如若关系的处理没有在差序性的关系结构中遵从特定的“义”，便会有失礼数。基于此，我们可用差序礼义一词来概括中国传统社会中社会关系的基本特征。

在中国传统社会中，民众将地方官吏称为“父母官”，意味着地方官吏与百姓之间的差序关系和相应礼义在“十伦”中类似于父母与子女之间关系。即是说，地方官吏类似于一方百姓的大家长。在差序礼义的规范框架内，“父母官”应该为民匡扶正义、扬善惩恶。《礼记·大学》中有“民之所好好之，民之所恶恶之，此之谓民之父母”[③] 其中表达了作为百姓的父母，便应当扬善惩恶。北宋宰相吕夷简在他所作的官箴《知州知府之职》中，更明确地阐述了一方“父母官”的礼义。比如“凶豪肆逞，良善含冤，我为除之”，“狡诈百端，愚朴受害，我为翦之”，“教化不行，风俗不美，我为正之”，“衙门积蠹，狼虎肉民，我为逐之”，“民情所

① 费孝通：《乡土中国生育制度》，北京大学出版社 1998 年版，第 26—27 页。

② 梁漱溟：《中国文化要义》，世纪出版集团、上海人民出版社 2005 年版，第 72 页。

③ 张树国：《礼记》，青岛出版社 2009 年版，第 288 页。

恶如己之仇，我为去之，使四境之内无一事不得其宜，无一民不得其所”，等等。[①②]

在中国传统社会，不仅在规范体系中为民解忧、除害是地方官员的职责，在实践层面地方官员也承担了司法事务，并且依据民间情理规范解决纠纷。传统中国社会，所有的诉讼案件首先是由知县、知州处理。朝廷在全国各地配备的知县、知州，除了具有收税的职责外，最大的职责便是司法服务：解决民间纠纷和惩戒恶行。知县、知州解决民间纠纷的依据与民间规范也是相通的。如滋贺秀三所言，一种不具有“实定性”的情理引导听讼者对纠纷处理的判断。这一情理便是深藏于中国人心中的“中国型的正义衡平感觉”。基于此，滋贺秀三指出，“中国诉讼的原型，也许可以从父母申诉子女的不良行为，调停兄弟姐妹间的争执这种家庭的作为中来寻求。为政者如父母，人民是赤子，……事实上，知州知县就被称为‘父母官’、‘亲民官’，意味着他是照顾一个地方秩序和福利的总的‘家长’。知州知县担负的司法业务就是作为这种照顾的一个部分一个方面而对人民施与的，想给个名称的话可称之为‘父母官诉讼’”。[③]

新中国成立后，“父母官”的传统得到了一定的传承，在乡村百姓的眼中党政官员便是“父母官”。首先，在规范层面，自新中国成立至今，新政权确定的“为人民服务”的执政宗旨，既是政府的自我角色定位，也是民间百姓对政府角色的期望。[④] 这在较大程度上是“父母官”传统的延续，更是对“父母官”传统的强化。其次，在体制设置和社会运作层面，虽然新的制度设置一改传统，将司法从行政中分离出来，但是在较长一段时期内，行政力量对司法力量

---

① 孟国楚：《“父母官”新考》，载《人民论坛》，2001年第6期，第27页。

② 游赞洪：《明朝巡抚的官箴》，载《政府法制》，1994年第3期，第41页。

③ 游赞洪：《明朝巡抚的官箴》，载《政府法制》，1994年第3期，第41页。

④ 焦长权：《政权“悬浮”与市场“困局”：一种农民上访行为的解释框架——基于鄂中G镇农民农田水利上访行为的分析》，载《开放时代》2010年第6期，第43页。

具有较强的控制。社会组织与传统式的家族有许多相似之处。

具体来讲，在计划经济时期，不仅在农村，公社、大队干部对村民具有家长式的权威，在城市的各种单位中的情形也是类似的。路风在其研究中发现，新中国成立后“行政组织所执行的功能是能够直接推动、控制和调节整个社会运转的功能，它不仅包括了一般意义上的行政功能和直接组织社会活动的功能，而且也在相当大的程度上替代了法律的功能”。[①]“法律运作的逻辑所服膺的是党政权力运作的逻辑”[②]，在单位中“组织的规章代替了法律条文，单位的领导代替了司法官员”[③]，在乡村社会，公社干部、大队干部也常常成为了司法权威，承担了乡村社会纠纷的解决。因此，在这样的制度环境下，普通百姓遭遇不公、寻求纠纷解决时自然地会将党政干部比拟成传统“父母官”的角色，到政府找党政干部寻求纠纷的解决，而不是到法律部门运用法律武器解决问题。由此，我们便能从历史、社会和文化习惯的角度，理解为什么沙岗村村民在通过社区内部力量不能解决纠纷时，通过政府而不是法律部门解决环境纠纷。据村民周永龙和周江耕所说，沙岗村至今尚未有过通过法律部门解决纠纷的现象发生。

沙岗村村民在镇政府不帮助他们解决问题的情况下，寄希望于更高一级的政府为他们解决问题，是基于差序关系格局中有关于上、下位等级关系的规范。无论是在传统中国社会，还是在新中国成立后，都注重这一规范。在《礼记·祭统》中讲到“十伦”：“见君臣之义焉，见父子之伦焉，见贵贱之等焉……见长幼之序焉，见上下之际焉，此之谓十伦。”[④] 其中“见上下之际焉”表达

① 路风：《单位：一种特殊的社会组织形式》，载《中国社会科学》，1989年第1期，第83页。

② 应星：《大河移民上访的故事》，生活·读书·新知三联书店2001年版，第54页。

③ 郭星华、王平：《中国农村的纠纷与解决途径——关于中国农村法律意识与法律行为的实证研究》，载《江苏社会科学》，2004年第2期，第72页。

④ 张树国：《礼记》，青岛出版社2009年版，第215页。

的便是上位与下位之间的人伦等级关系，以及对人们接受上下等级秩序的要求。新中国成立后的中国社会中，讲求下级服从上级的权威，个人服从集体的权威。[①] 上级政府对下级政府有绝对的权威，下级政府绝对服从于上级政府。这种权力关系设置与中国社会文化中自然而然生长出的上、下关系不无关联，与中国传统社会中对上、下位等级关系规范的规定是一脉相承的。因此，在镇村干部不为村民解决问题时，村民们越过基层政权上访市、省政府，甚至赴京上访的现象，在当前中国极为普遍。

此外，与当前的司法途径相比，找政府和上访所对应的对纠纷的化解方式与传统乡村社会中的教化性调解更为接近。体现在两个方面。第一，纠纷解决的形式为调解，与法庭审判相比，更接近于乡村社会解决纠纷的习惯。第二，在依据方面，纠纷的解决援用民间的情理，不呆板地套法条。因此，通过上访途径获得的纠纷解决结果往往更能接近百姓生活中的“正义衡平感觉”。也便是更为符合乡村社会中基于差序礼义的规范，而不是村民陌生的法律规范。

可见，通过上访寻求纠纷的解决，并不是因为村民愚昧、落后、不愿接受新的法律规范，而是因为上访在乡村社会中具有特殊的意义，是因为村民们对他们与政府的关系的理解是差序性的，是因为村民认为政府好似“父母”和“家长”，身负体察民情、为民做主、扬善惩恶、平反冤屈的礼义。拓宽来讲，这不仅是沙岗村一个乡村社区内的独特现象，而是中国社会中极为普遍的社会现象。大众对政府对官员品质的期待，都不自觉地带有“好家长”、“好父母”式的期待。

也正是因为在村民的观念中对政府、官员是差序式的想象，即使通过与政府的互动未能解决污染问题，村民们也没有对政府失去信任，而是将原因归咎为某些地方官员品行不端。比如，到省里上访未能解决问题，村民们与此有关的表达是“省委书记是个清官，

---

① 孟国楚：《“父母官”新考》，载《人民论坛》，2001年第6期，第27页。

有批示的”，“上面重视，下面不给我们调解”。意思是省政府、省里的官员是好的，原因出在地方上。关于地方政府不解决污染问题的原因，在村民们的表述中是因为：“古老板会搞关系，买通了人”，“镇里抓工业的镇长被买通了”，“镇里抓治安的镇长最清楚（污染和暴力冲突的情况），这个人应该被撤职的”。意思是说，地方政府总体是好的，只是因为几个相关的地方干部被买通了，所以污染问题才不能解决。

二　利益考量:政府的应对逻辑

那么，各级政府、官员的行为逻辑是否与村民们差序式的想象相一致？事实上，在表达层面，政府理想从未与村民们差序式的想象有很大出入。但是在实践层面，随着政治经济体制的改革、经济社会现象的复杂化，一方面，政府没有能力像集体经济时期一样全能式地对民众生活达到全方位的渗透；另一方面，基层政府本身成为利益实体，在利益冲突时更可能倾向于首先考量自身的利益而不是村民的利益。需要注意的是，虽然在利益发生冲突时基层政府可能牺牲村民利益保全自身利益，但不可因此将基层政府简单看作一种村民对立面的存在，而应当在社会体制环境中理解基层政府行为的可能性。

一方面，高层政府不能像村民们差序式想象中那样事必躬亲。其缘由主要在于以下几个方面。第一，相比改革开放前，改革开放以后中国经济社会现象纷繁复杂，上访数量与日俱增，远远超出高层政府主要官员能够处理的能力范围。在这一情况下，高层官员亲力处理的上访事项必然要经过筛选，优先处理“情况重大”、“紧急”的信访事项。与沙岗村的上访相类似的绝大部分上访事项被排除在外。第二，高层政府与基层政府相比，更不熟悉地方情况，每一件上访事项的处理都必然需要经过细密的调查，需要的人力、资金等各种成本更高。如果每件上访都亲力亲为，高层政府将不堪重负。第三，如果高层政府对群众上访直接处理率较高，则会刺激更多的民众通过上访解决纠纷，给高层政府带来更多的负担。因此，高层政府倾向于将矛盾下交于基层政府。这在某种程度上，也是利益考量的结果。

客观来看，虽然百姓通过上访解决纠纷的几率很小，但是对于信访制度在改革开放后的保留有不可忽视的作用。第一，百姓上访是高层政府了解基层状况的有效途径。百姓上访“是高层政府跨越官僚主义这个障碍物获取信息、监督基层的一种方式”[①]。第二，可以给底层百姓一线解决纠纷的希望，起到社会安全阀的作用。[②]所以说，在某种程度上信访制度的重要性“不在于‘一访就灵’的问题解决上，而在于提供群众诉苦的机会和留出解决问题的一线曙光上”。[③] 第三，尊重底层百姓地方官吏找政府解决纠纷的传统，为百姓保留传统的纠纷疏通渠道。如果陡然取消这一具有历史传统的渠道，社会矛盾的积压将威胁到社会稳定和政权稳固。也正是信访渠道在制度设置层面的特意保留、民间有上访的传统、上文提及的上访的特殊乡村意义，共同促成沙岗村村民在乡村社区内和依靠基层政府都无法解决纠纷的框架下选择上访。

另一方面，在乡村工业污染问题上，地方政府被迫陷入十分矛盾的处境，苏北地区的地方政府更是如此，地方政府因此不能完全像村民们差序式想象中那样完全以村民利益为首选目标。

首先，改革开放后，基于近代以来的赶超型现代化目标和传统的体制形成了“压力型体制”，各级政府面临自上而下的经济赶超压力。具体来说，压力型体制是指“一级政治组织（县、乡）为了实现经济赶超，完成上级下达的各项指标而采取的数量化任务分解的管理方式和物质化的评价体系。为了完成经济赶超任务和各项指标，各级政治组织（以党委和政府为核心）把这些任务和指标，

① 游赞洪：《明朝巡抚的官箴》，载《政府法制》，1994年第3期，第41页。

② 应星：《作为特殊行政救济的信访救济》，载《法学研究》，2003年第3期，第64页。

③ 应星：《大河移民上访的故事》，生活·读书·新知三联书店2001年版，第54页。

层层量化分解，下派给下级组织和个人，责令其在规定的时间内完成，然后根据完成的情况进行政治和经济方面的奖惩”。[①] 因此，在这种评价体系下，各级政府及相关职能部门在压力下运行，核心压力便是实现经济赶超。作为省内的经济洼地，苏北各地各级政府面临更大的经济增长压力，各地政府间更是形成了激烈的竞争。从前文地方政府全面动员招“财神”、接“财神”和抢“财神”的描述中，可以深切感受到这种压力和竞争。

其次，放权让利和“分灶吃饭”的财政体制改革使得地方政府面临由内而生的经济压力，发展经济的积极性也被激发出来。财政收入是政府运转和完成各种职能的物质支撑。在“分灶吃饭”的财政体系下，地方政府的财政首先是“吃饭财政”。在工业化过程中因职能扩张增加的人员、活动、公共设施建设产生的资金都需要地方财政自己解决。[②] 这一系列因素促使地方政府扮演着类似于厂商、企业的角色[③]，从“代理型政权经营者”转向“谋利型政权经营者”[④]。因为工业不发达，苏北地区的地方财政原本就吃紧，招商引资力度不断加大的同时，相关基础设施建设需要预先配备，更是加重了财政负担。在较长一段时期内，苏北地区的地方财政基本是入不敷出的亏空的状态。从2006开始，农村税费改革导致农业税从地方政府财政收入中退出，政府维持运行的财力支撑面临更大的压力。

在以上所述诸多内外经济压力之下，苏北地方“20 年化工招商”[⑤] 在一定程度上也是不得已而为之。苏北地区内生工业底子薄

① 荣敬本等：《从压力型体制向民主合作体制的转变：县乡两级政治体制改革》，中央编译出版社 1998 年版，第 28 页。

② 荣敬本等：《从压力型体制向民主合作体制的转变：县乡两级政治体制改革》，中央编译出版社 1998 年版，第 40 页。

③ 邱泽奇：《在政府与厂商之间：乡镇政府的经济活动分析》，载马戎等编：《中国乡镇组织变迁研究》，华夏出版社 2000 年版，第 167—186 页。

④ 杨善华、苏红：《从“代理型政权经营者”到“谋利型政权经营者”——向市场经济转型背景下的乡镇政权》，载《社会学研究》，2002 年第 1 期。

⑤ 汪言安：《盐城水污染：20 年化工招商遗祸》，载《经济观察报》，2009 年 9 月 28 日第 013 版。

弱，早期未能获得较好的工业发展。因为与上海有一江之隔，在苏南、浙北地区对上海高新产业转移实现“无缝对接”的同时，苏北地区只能“望江兴叹”。为了实现经济赶超，从苏南、浙北等地引入被淘汰的化工等高污染产业在一定程度上确是不得已而为之。此外，地方政府主要领导干部的短任期体制设置也为这种短期理性制造了空间。乡镇一级主要负责人的任期一般为三年。招商引资以每年完成的“合同外资量”等形式成为上级考察下级政绩的重要指标，地方政府主要领导干部很可能不顾及引进的企业对地方长远发展的影响，只考虑自己在任期内完成的“合同外资量”。当这种短期理性的经济增长方式盛行时，如果某一地方政府领导干部不这样做将在政绩考核时吃亏，错失仕途发展的机会。这对于地方政府主要领导干部而言，是最为现实的问题。盐城市 F 县环保局一位副书记用通俗的比喻表达了类似的观点：

> 化工企业的转移是这样的，苏南这些发达地方发展起来之后，不要这些企业了。但是这些企业生产的东西社会也需要，所以就搬迁到其他地方。这就好比家里几个孩子，大孩子的衣服穿不了了，给小孩子，小孩子穿得也挺合身的。……这些事情都是地方行政首长决定的。实际上要转变这种状况，要通过高层决策。改变政绩考核体制。打个比方，为什么南京市长、苏南地区的市长更容易晋升？因为他们地方上利税高。就好像家里有两个孩子，一个考上了研究生，一个考不上学。妈妈口中说两个孩子都一样，实际上还是喜欢考了学的那个。关键的一点，政绩考核机制。（2011 年 10 月，盐城市 F 县环保局张副书记访谈录）

综上可见，在是否引进化工企业以及处理化工污染纠纷的问题上，地方政府被推到了一个十分矛盾的位置。在难以引进高新产业的情况下，如果不引进化工企业、给化工企业足够的生存空间，地方 GDP 总量则上不去，地方官员也就出不了政绩。化工企业引进后，如果严格要求化工企业做到达标排放，在总体中占绝大多数的小化工企业将无利可盈、濒临倒闭，地方财政也因此受影响；如果对化工企业放宽要求，周边村民将因污染受害，并造成社会不稳定因素。利益权衡之下，地方政府最终出于自身利益的考虑，不得不压住村民向外向上传递信息，保全自身利益。村民们解决污染问题的期望由此落空。

第五章　利害权衡与权势攀附：地方政府与污染企业间的互动

古老板是天诛地灭，那一天注定灭他了。

——沙岗村朱老人

乡村社区反抗无效，省委书记亲自批示不起作用，污染企业在地方政府的庇护下肆虐排污，事情似已定局。2009 年 2 月，一件轰动全国的特大水污染事件的发生，将立义化工厂长期污染的“黑锅”揭开，也将地方政府与污染企业之间的关系逻辑展现出来。

第一节　利大于害:监管“万难”

在地方政府成为类似于厂商、企业的利益实体的客观现实之下，地方官员对利害得失的考量范围是其自身的单独利益而非区域的整体利益。在地方政府认为化工企业利大于害的背景下，地方环保部门因为权力限制、“关系”网的阻隔监管艰难；地方环保局本身也因此获得了“猫鼠结盟”的空间，利用职权从中受益；污染企业老板投入大量钱物建立“权力—利益”关系网络，环境监管难上加难；省政府轰轰烈烈地开展了全省化工生产企业专项整治工作，立义化工厂被列入 2007 年底前限期搬迁的黑名单，但因为地方政府的庇护，搬迁计划只停留在了纸面上。

一　地方环保局叫苦

筑坝拦污的失败使村民们灰心丧气。自从周永龙被村干部们制住之后，村里再没有人胆敢出头上访或者找古老板要求停止排污。面对日趋严重的污染、恶劣的生存环境，他们可以说确实已经到了束手无策、无计可施的境地。他们渐渐习惯了刺鼻的空气环境，习惯了乌黑的河水，习惯了用污水灌溉，习惯了水稻歉收。除了偶尔在田里干活时，看着长势不好的稻苗，对着古老板的化工厂骂几声出出气，在日常生活中污染已经不是话题的中心。大部分村民们的心理状态，如朱老人所说：

> 苦就这么吃下去了，我们平常不说这个事，说了倒来气。（2012 年 7 月，村民朱老人访谈录）

除了周永龙，沙岗村里还有一位颇有威信的村民——周江耕。从反对立义化工厂的集体行动来看，周江耕的参与度并不高。除了暴力冲突之后因村民推举，跟着周永龙到省里上访一次，填水沟、挖道路、灭炉子和暴力事情周江耕都没有参与。当村民们商量着要求立义化工厂停产时，周江耕“泼冷水”似地告诉其他村民，他认为停产是不可能的。甚至在几乎全村出动灭炉子的那天晚上，周江耕还劝村民们不要去。与一般村民相比，周江耕行不苟合，凡事有独立见解，遇事沉着冷静、谨言慎行。村里谁家有重要的事，会来问问他的意见；有关村集体的一些事情，沙沟村干部也会找他谈谈看法。

但是当大家都习惯于污染并无心再想办法改变受害处境时，周江耕反而密切关注着立义化工厂的排污。每每发现立义化工厂向生产河里泻废料，周江耕便喊上邻居邹先生和薛女士一起看看污染的程度，给区环保局打电话举报。因为害怕遭到古老板报复，三人不敢实名举报。可惜每次举报并不能帮助沙岗村减轻污染，而是间接帮助环保部门相关工作人员“创收”。[①] 用周永龙的话说：

> 熊猫香烟，饭店吃饭，什么都安排得好好的。人呢，一受贿，腿子就软掉了。这样吃亏的是我们老百姓。（2012 年 7 月，村民周永龙访谈录）

村民薛女士回忆当时环保部门下来检测水质的场景时，颇为感慨：

> 我们打电话到上面反映情况，上面开小车子来看看，拿个瓶子在河里装一点水。古老板折个红包塞给他们，一人塞一条香烟，再请到饭店吃饭。上面的人就跟我们群众说没有毒，然后拍拍屁股走掉了。至于他们装走的水有没有化验，化验了有没有毒，我们不知道。我们打电话打得多呢！（2011 年 10 月，村民薛女士访谈录）

对于村民认定环保局得到好处不监管，环境局工作人员也有委屈。区环保局一位中层干部季先生为环保局叫苦喊冤。季先生认为问题不在于环保局不查，而是企业不执行，环保局与企业是“猫捉老鼠”，猫一离开，老鼠便又闹翻了天。在季先生看来区环保局

---

① 有两点需要交代。其一，有关环保部门相关工作人员“创收”的信息，除村民陈述外，相关媒体报道中的信息可以佐证。比如：人民网《盐城“2·20”特大水污染事故一责任人被提起公诉》一文中提到，市饮用水源保护区环境监察支队二大队大队长邵先生先后 6 次收受立义化工厂法定代表人古老板 7800 元钱物。“2·20”特大水污染事故发生后，被地方检察院提起公诉。可参见人民网 http：//leaders. people. com. cn/GB/9546580. html

其二，在村民的生动陈述中，环保部门工作人员收受古老板“好处”是社会事实，但是其中“熊猫香烟”、“折个红包”、“一人塞一条香烟，再请到饭店吃饭”等信息，有些来自村民们基于生活经验的想象，有些来自村中传言。因为实际上，古老板送“好处”和环保工作人员收“好处”是秘密进行的，包括村民在内的外人很难看到“折红包”、“塞香烟”的过程，更不可能直接看到所塞香烟的牌子这样的细节信息。

对化工企业的检查次数已非常频繁。监管工作有3个不同层面，第一个层面是日常的监管或监察，一般性污染源每季度一次，重点污染源每月一次；第二个层面是不定期的执法检查，包括突击检查和非突击检查，其中突击检查每年4—5次；第三个层面是专项行动，每年都会组织专项的执法检查。季先生认为问题的症结不在于环保局没有执法检查，而是因为环保局权限范围内能够给予企业的处罚程度偏轻，并且需要经过法院认定程序，最终很可能因为企业主与法院工作人员有交情，处罚不了了之。

> 以前的化工产业的情况是小、散、乱，规模都不大，监管的难度大。一定程度上引起了环保部门的执法疲劳。我们总是去查，对他们提出要求，但是我们走了之后他们不执行。猫捉老鼠的游戏。……按照环保法的要求，要对企业进行处罚。但是有些处罚对企业并没有促动。环保处罚是很轻的。环保部门不是工商部门，处罚要通过法院这一中间部门。有时候我们对企业的处罚文件交给法院之后，法院认为我们证据不足，就不能处罚。有些企业与法院关系搞得很好。（2011年10月，盐都区环保局季先生访谈录）

邻县F县化治办主任也表达了相似的观点：

> 环保局对企业处罚，比如说处罚100万，但实际上最多能收到10万块，收不上来。申请法院裁定的话，裁决非常慢，而且这些化工企业的老板本事都挺大的，找找关系。最后，环保局对企业的处罚，能收上来的钱很少。（2011年10月，盐城市F县化治办王科长访谈录）

让企业对地方环保局不买账的原因，不仅是因为罚款有限，更因为环保局顶多给污染企业限期整改或停产整顿的处罚，没有办法叫企业彻底停产。我国环境行政执法主体为地方各级人民政府及下属环境保护行政主管部门，管理体制属“行政单中心模式”①。在县区一级，县区政府和县区环保局同为环境行政执法主体，但行政体系中县区政府领导与县区环保局干部是领导与被领导的关系。即是说，有关地方环保的实际工作，县区环保局长必须根据县区政府一把手以及环保这一块的分管领导的意见办事。污染企业的关停权在县区政府领导而不是环保局。简言之，地方环保部门“责大权轻”②。区环保局季先生为此叫苦：

> 企业的关停权力都是政府的，需要县一级及以上的政府的红公章才有效，我们环保部门没有这个权力。所以环境问题的解决是看政府对这个问题的重视程度。不仅仅是口头上的重视，而是要行动上重视。……环保局处于政府与老百姓之间的缓冲地带。被政府、企业、老百姓三方夹击。社会舆论也是在批判环保局做得不好。实际上环保局很难。环保局不能决定企业的生与死，甚至不能决定企业能不能办在这里，很多企业的立项上马，甚至没有经过环保局的同意。比如一些大企业，经济社会效益都好，区委区政府的领导认为你环保局有什么理由不批呢？（2011 年 10 月，区环保局季先生访谈录）

邻县 X 县环保局副局长也坦言，在污染企业的处罚问题上，县环保局确实需要领悟县主要领导的态度，按照县主要领导的态度执行：

> 如果县委书记和县长认识不高，那我们的执法阻力是很大

① 李雪梅：《基于多中心理论的环境治理模式研究》，长春理工大学，博士学位论文，2010 年 2 月。

② 李春成：《地方环保部门职责履行中的两难》，载《学海》，2008 年第 4 期，第 60 页。

> 的。这一点是肯定的。比如说，某个企业我们要求停产，县里主要领导哪怕是不否定只是不表态的态度，那就停不了。停不了的时候，我们心里就有数了。一旦我们掌握领导人的这种思想，我们行动上就要注意了。（2011 年 10 月，盐城市 X 县环保局副局长翟先生访谈录）

在当时苏北大部分县市，大量有如立义化工厂这样的小化工企业构成地方经济的支柱。限于经济能力，这些小化工企业的生存必然导致污染。地方政府主要领导干部为保经济增长，给予这些小化工企业以生存空间，将矛盾交给环保局。因此环保局的处境如区环保局的季先生所说，“被政府、企业、老百姓三方夹击”，“执法疲劳”。

二 古老板的“网”里有谁？

除了在体制设置层面的“责大权轻”导致环保局执法艰难外，盐城市多位环保官员认为“关系”是他们环境执法难的另一重要因素。他们在基层工作的实践中感受到化工企业老板找关系的现象普遍，而且找关系的本事都很大，小企业的“关系”能直接通到市里，大企业的“关系”能通到省里。这重重“关系”导致他们的执法失灵。

> 这些化工企业的老板，每个人本事真的都挺大的，一找关系就能找到市里领导。现在市里面领导实际上也都比较重视化工企业整治这一块。但是中国就是人脉关系这样一个环境，有很多东西很难说，上不了台面的事情。（2011 年 10 月，盐城市 F 县化治办王科长访谈录）

在中国差序性的社会结构中，“关系”的亲疏远近是人际交往的准则。“如果有人向掌握有某种社会资源之支配权的他人要求：将他所掌握的资源作为有利于请托者的分配，资源支配者首先会考虑的问题是，对方和自己之间具有什么样的关系？这种关系又有多密切？”[①] 因此，通过“拉交情”、“攀关系”获得更多资源的现象在中国社会中较为普遍。用F县化治办王科长的话说，“中国就是人脉关系这样一个环境”。

与其他类型的企业不同，化工企业尤其是小型化工企业因其存在污染隐患，其社会处境是“过街老鼠”，随时可能因为地方政府的环境整治失去生存空间。因此化工企业比其他类型的企业更具有危机意识，更需要在地方政府中寻求“保护伞”，在地方官员中“拉关系”，使企业生存获得权力的保护。因此，从事化工整治工作的王科长会有这样的体悟，“这些化工企业的老板，每个人本事真的都挺大的，一找关系就能找到市里领导”。这样，围绕化工污染的“权力—利益的结构之网”[②] 应运而生。

作为一个小化工企业的老板，古老板的生存危机感很强，“拉关系”的能力也很强。为了维系企业的生存，古老板也不得不为自己编织一张权力—利益关系网。从沙岗村村民中盛传的古老板那句“我在上面用千万，不在你们沙岗群众身上用一分钱”，可知古老板的织网工具是金钱。从古老板所说的“千万”来看，他为织网花出去的金钱不在少数。

关系网尤其是与“权力—利益”相关的关系网，常常是一个网外人难以窥探的隐秘世界。因此古老板的关系网里涉及什么部门什么行政级别的哪些官员，我们无从作精确了解。从网络外界人士了解的有限信息来看，古老板的关系网络在市一级单位中至少涉及市环保局直属单位，在区一级至少涉及区环保局、区公安局，在镇一级涉及镇政府、镇派出所。

因为立义化工厂所在的大台镇地处盐城市饮用水取水河蟒蛇河的

---

① 黄光国：《人情与面子：中国人的权力游戏》，中国人民大学出版社2010年版，第6页。

② 吴毅：《“权力—利益的结构之网”与农民群体利益的表达困境——对一起石场纠纷案例的分析》，载《社会学研究》，2007年第5期，第21—45页。

上游（见图3—1），大台镇属市二级饮用水保护区，立义化工厂不仅受到区环保局监管，还受市饮用水源保护区环境监察支队的监管。市饮用水源保护区环境监察支队为市环保局直属单位。目前可以确证的信息中，时任市饮用水源保护区环境监察支队二大队的队长邵先生，自2006年至2008年先后6次收到古老板的钱物7800元。[①] 作为交换，邵先生在日常监察工作中对立义化工厂的污染"睁一只眼，闭一只眼"。在有传闻但未能确证的信息中，在市饮用水源保护区环境监察支队，邵先生作为一线监察人员只是一个收受钱物较少的小人物。在邵先生的背后，邵先生的顶头上司市饮用水源保护区环境监察副支队长与古老板交情至深。

区环保局副局长梁先生与古老板的关系亲密。据村民所述，两人曾合伙买过一辆大型拖挂车搞运输，其关系本质无疑是古老板出资梁局长收益。古老板的精明之处在于，送拖挂与直接送钱相比更能让关系稳固、长久。送钱只是一种短暂交换，而拖挂用作经营后可以持续多年产生可观收益，可使梁局长庇护他多年。这辆拖挂车将古老板自身的安全"拖挂"在了梁局长身上。

上文曾经提及的区公安局局长董先生与古老板交情至深，2002年便与古老板一起设局"烧假炉子"拘捕村民。作为一位公安局长，董先生涉及这样的事情严重渎职，一旦信息外漏便可能官位不保。能为古老板做这样的事情，可见董先生与古老板之间的关系已经到了安危与共、辅车相依的程度。也足见古老板在董先生的身上是下足了本钱。

村民们认为镇政府分管环保的某位镇长从古老板那里获得很多好处。在当前体制设置中，环保执法权最低设置到县一级，乡镇一级政府没有执法主体资格，没有实际的环保执法权。乡镇政府环保分管领导在环保这一块的工作，主要是协调处理镇内企业与环保相

---

① 来源：人民网《盐城"2·20"特大水污染事故一责任人被提起公诉》，http：//leaders. people. com. cn/GB/9546580. html

关的手续，配合县环保局在本镇区的环保工作，承担环保政策上传下达的任务。因此，古老板为了在地方生存，也需与乡镇分管领导保持良好关系。

此外，村民们认为镇政府分管工业、治安的领导干部以及镇派出所干部与古老板之间都形成了紧密的权力—利益关系。因为难以确证，这些关系以及一些外界难以知晓的关系，都隐藏在我们难以窥探的“黑箱”之中。

综上可见，虽然地方环保局因为权力有限难以对污染企业实施实质性的监管，在地方政府认为化工企业利大于害的背景下，地方环保局、监察队相关工作人员本身也获得了“猫鼠结盟”的空间，利用职权庇护污染企业，并从中受益。污染企业老板为保生存，投入大量钱物在地方政府相关部门建立一张权力—利益网络。环保监管便难上加难。

三　省里的大动作

在地方政府对环境保护工作动力不足的情况下，由上而下的环保压力成为环境整治的主要驱动力。2006 年前后，江苏省化工企业数量居全国第一[1]，全省范围内的环境污染程度日趋严重，经久不治。2006 年 9 月，省政府决定自 2006 年 10 月起用 3 年时间，在全省开展以治理环境污染和落实安全生产措施为主要内容的化工生产企业专项整治工作。在此次专项整治中，立义化工厂这类小型化工企业首当其冲。

此次化工整治力度之大前所未有。根据《省政府办公厅关于印发全省化工生产企业专项整治方案的通知》（苏政办法〔2006〕121 号）（以下简称《全省整治方案》），此次整治范围涉及“全省化工行业所有生产企业，重点是技术含量低、环境污染重、安全保

---

① 江苏省环境保护厅：《江苏提前实现小化工整治目标》http：//www.jshb.gov.cn/jshbw/rdzt/lyzz/zzdt/200909/t20090901_ 111189.html

障差的小型化工生产企业和危险化学品生产企业以及化工生产企业相对集中的地区”。整治的主要目标为：“按照‘逐个排查，集中整治，入园进区，改造提升’的总体要求，通过提高生产经营标准、行业准入门槛和从业资质要求，用一年时间集中整顿、淘汰各类违法违规化工生产企业，引导分散的化工生产企业在两年内向化工集中区域集中。”

《全省整治方案》要求，凡有下列情形之一的化工生产企业由环保部门提请当地市、县（市）人民政府依法实施关停：（1）《淮河流域水污染防治暂行条例》和《江苏省太湖水污染防治条例》中明确规定应当关停的；（2）超过江苏省《化工行业主要水污染排放标准》排放污染物或环保设施不配套、运转不正常，在三个月的治理期限内未完成治理任务的；（3）本方案实施之日前，各地区已下达限期治理决定的化工企业在规定期限内仍无法完成治理任务的；（4）在居民区集中附近排放恶臭污染物或刺激性气体，群众长期信访、集访、短期内无法解决的；（5）发生重大环境事件以上的突发环境事件，造成社会影响的；（6）危险废物不能自行安全处置又未委托有相应资质的处置单位进行处置，造成环境重大污染事故的；（7）在集中式饮用水源地一级保护区内的；（8）其他依法应当停产或关闭的。与此同时，化工集中区域外的化工生产企业，不再批准任何形式的改建、扩建项目，并力争于2008年底前搬迁进入化工集中区域。按照以上关停要求第（2）、（4）条，立义化工厂需要在3个月内完成治理任务，短期无法完成则需要关停。如果可在3个月内完成治理任务，按照搬迁要求，立义化工厂至少需在2008年底前搬迁进入化工集中区域。

为达成这一化工整治目标，江苏省政府为此成立全省化工行业专项整治工作领导小组①，负责动员部署和检查验收全省此次化工

① 资料来源：江苏省政府门户网 http://www.jiangsu.gov.cn/shouye/wjgz/szfwj/szbw/200710/t20071015_107466.html

专项整治工作。领导小组成员阵容之强大前所未有：组长为副省长；3位副组长分别为省政府副秘书兼省经贸委主任，省环保厅厅长，省安监局局长；成员26名，均为省各相关部门高层领导，比如省发改委副主任、监察厅副厅长、环保厅副厅长、建设厅副厅长、公安厅副厅长、交通厅副厅长、科技厅副厅长、卫生厅副厅长、省安监局副局长、省中小企业局副局长，等等。

根据《全省整治方案》，化工生产企业专项整治工作按照企业属地管理的原则进行，各市、县分别成立化工企业专项整治工作领导小组，设化工企业专项整治办公室（简称为化治办），负责组织实施本地范围内化工生产企业的专项整治工作。经过初步的摸清、排查工作后，盐城市政府于2007年4月25日出台《盐城市化工生产企业专项整治工作方案》（盐政办发〔2007〕48号）（简称为《市整治方案》）。在整治方案中，全市列入整治范围的共有735家化工生产企业和92个在建化工项目。立义化工厂企业在这735家之中，被列入限期搬迁之列。

按照《市整治方案》，“列入搬迁的化工生产企业在3年专项整治期内要全部搬迁进入化工集中区。其中位于饮用水源保护区、居民密集区、生态保护区内的化工生产企业以及排放恶臭污染物或刺激性气体的化工生产企业，要在2007年底前基本搬迁完毕。对搬迁企业不再批准任何形式的改、扩建项目。”在盐都区，与立义化工厂一同被列为重点整治、限期搬迁的企业共有21家，多数为化工企业。立义化工厂位于市二级水源保护区，按要求必须在2007年底前基本搬迁完毕。

虽然按照《省整治方案》和《市整治方案》立义化工厂均应搬迁，并且已在市、区限期搬迁的黑名单上，但不知因何缘由，立义化工厂并未在2007年底前实施搬迁。一年半以后，在2008年8月盐城市政府印发的《2008全市饮用水源和通榆河水环境综合整治方案》（盐政办发〔2008〕80号）上，立义化工厂又一次上榜，被列入《饮用水源保护区和通榆河重点整治企业名单》[①]，但是整治时限延迟到2009年底前。与先前的整治要求相比，立义化工厂多获得了2年（2008—2009年）生产时间。对于为什么立义化工厂未能按计划搬迁，区环保局工作人员季先生给出的解释是：

> 立义化工厂在2007年就被市化治办列为2007年底前必须搬迁的项目。后来延迟到2008年底，到2008年底又没有搬迁成，因为搬迁也是需要经济代价的。同时，2008年经济危机，企业整体经营状况不好。这个时候搬迁企业不合适，反而应该给企业扶持。（2011年10月，区环保局季先生访谈录）

此时，全省小化工整治捷报连连。2009年2月初，省长在省第十一届人民代表大会第二次会议上宣布，江苏省提前一年实现小化工3年整治目标。在省化工专项整治工作领导小组办公室的统计材料上，按照计划全省"要用3年时间关闭规模以下化工生产企业2843家"。经过努力，到2008年底，"已实际关闭4326家小化工企业，超出目标52.2%"。[②] 在盐城市，整治范围内735家化工生产企业中，关闭化工生产企业390家，搬迁59家，转产44家，合计493家，占整治之初全部化工企业的67.07%。[③]

化工整治的成果是喜人的，数据是鼓舞人心的，但是沙岗村的村民们却不能因此喜悦起来。原本应当在2007年底前搬迁的立义化工厂，因为地方政府的宽限，又在沙岗村"热火朝天"地生产了2

---

① 盐城市环保局官网：http：//www.jsychb.gov.cn/wrfz/ShowArticle.asp？ArticleID=1886

② 江苏省环保厅官网：http：//www.jshb.gov.cn/jshbw/rdzt/lyzz/zzdt/200909/t20090901_111189.html

③ 数据来源：盐城市政府经济和信息化委员会工作人员提供《全市化工产业基本情况汇报》。

年时间。村民们反映多年的污染问题，一直到2007年化工专项整治和2008年饮用水源水环境整治才获得官方的确切认定。在《饮用水源保护区和通榆河重点整治企业名单》的存在问题一栏上，立义化工厂所对应的是“化工原料、产品影响水质”。但是地方政府对立义化工厂宽限的2年内，地方政府没有任一部门为沙岗村村民解决村里被“化工原料、产品影响”的水质。省里轰轰烈烈的化工整治大动作，最终没有影响到立义化工厂，沙岗村里污染持续。

第二节 成为大害:严惩不贷

2009年2月，正当省长在会议上宣布提前一年实现小化工3年整治目标时，沙岗村里发生了一件大事——立义化工厂又排污了，单次排污量之大前所未有。周江耕多次向区环保局举报无人理会。污染企业开坝冲污后，因为各种巧合因素促成污水改变往常流向，造成全市饮用水危机，立义化工厂为此捅出了“大娄子”。这一次，在各种压力下，盐城市委市政府不念旧情，对立义化工厂和相关政府负责人严惩不贷。

一 村民的举报:可能改变结果的机会

搬迁时间宽限了2年，古老板松了口气。但让古老板揪心的是，按照市政府新的规划，立义化工厂在2009年之前必须要搬。搬迁意味着一大笔损失。搬迁费、停产损失、不动产损失，每一项损失都是不小的数字。而且搬迁到化工园区之后，排污不再方便，生产成本又要增加不少。为了尽量减少损失、多挣钱，古老板必须在这两年里开足马力生产。周永龙回忆说：

> 这以后一直生产，一直烧（炉子）呢，直到出事（2·20特大水污染事件）以后才停产的。(2011年9月，村民周永龙访谈录)

2009年1月，正值腊月里快过春节的时候，立义化工厂里依然“热火朝天”。厂里直接负责管理生产的是车间主任方先生。方先生36岁，大台镇本地人，初中文化水平。来厂里快两年时间了，最初并不懂技术，进厂后跟着厂里的技术师傅学技术。据村民所述，等到方先生基本上掌握了生产流程、操作工序、用料配比等一套技术之后，古老板便将原先的技术师傅辞掉了，让方先生接替这个技术岗位。原因是原先的技术师傅需要支付更高的工资。可见古老板在经济上之精明算计。这已经不是他第一次辞掉技术师傅了。区环保局的季先生和沙岗村的村民们对此都有所了解：

> 法人代表的文化水平、知识体系往往都不足以把企业污染这一块处理好。他们把懂化工的技术人员请回来，掏空技术后就把技术人员一脚踹掉了，辞退了。结果技术上出了问题后，解决不了。立义化工厂就是这样一个例子。原先聘请了一个技术上很精通的技术人员。掌握了生产流程和基本技术之后，古老板就将那个技术人员踢走了。（2011年10月，区环保局季先生访谈录）
>
> 古老板这个人很精明。懂技术人的要发高工资，所以懂技术的人被请来操作一段时间过后，古老板就找人家的问题和缺陷把人家退掉。稍微懂得一点技术的人就来替补这个技术岗位了，但是工资发得就少了。在方先生之前换过好几个技术人员。他呢以前什么都不懂，在这边干了一段时间以后，就被古老板安排来承担这一块。古老板是老板，厂里面具体的生产管得不多，主要是在外面跟人家谈倒包、投机倒把之类的事情。方先生在厂里面负责生产，但是他对技术不精通。（2012年7月，村民周江耕访谈录）

正是在雇佣技术人员上过于精明算计，让古老板吃了大亏。这天古老板不在厂里，方先生按照平常的程序生产。料子已经加进去了，锅炉突然出了问题，一锅料子烧了一半，没有转化成功。对技术并不精通的方先生不知道如何处理，其他工人都只知道生产程序，不明白反应、合成的化学原理，不会吸收利用这些烧了一半的料子。一锅半成品也就成了废料，需要另想办法处理。方先生向古老板作了汇报，经过商量之后，将废料卸进了厂区北侧的生产河里（生产河 2，见图 5—1）。

因为河里筑了坝头，废料下河之后没有被水流冲走。这次的坝头并不是沙岗村的村民们筑的，而是镇上水利站筑的。因为坝头筑起来之后屡屡被水利站扒掉，还被水利站和村干部训斥，村民们已经没有筑坝头的积极性了。2008 年镇上水利站在全镇范围内实施农村河流清淤工程，腊月里刚好在清理沙岗村的河道。生产河 2 的清理工作还没有完成，而施工人员都到了放假回家过春节的时候了。生产河 2 上的坝头便留着，待开春了继续清淤。在立义化工厂的后侧，东西两头各有一个坝头，废料子卸下河之后一直在这两个坝头中间（见图 5—1）。

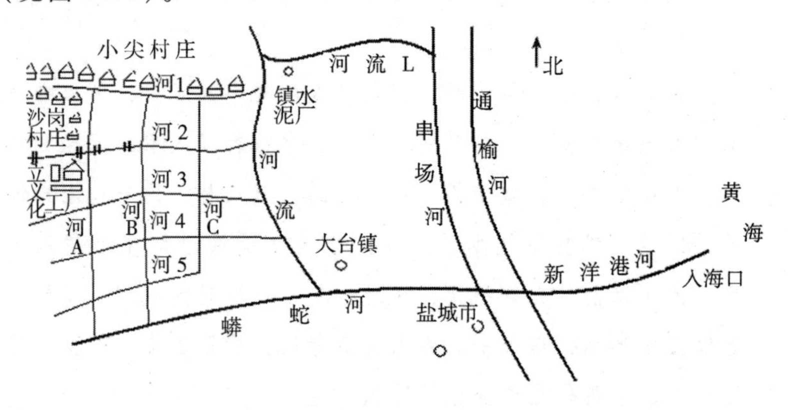

图 5—1 河道清淤坝头与立义化工厂的位置图

废料下河之后，沙岗村庄里气味浓烈难闻。周江耕和几个村民忍着气味，跑到河边一看，知道立义化工厂又泄废料了，并且废料量之多前所未有（后有报道称此次废料计 30 吨）。大家骂开了，

“不让人过个安生年”。

看着这么多废料，周江耕有些担心，回家之后便打电话到区环保局举报。大致过了一个星期，区环保局没有派人过来。周江耕便又打电话到市环保局举报，市环保局回复说会联系区环保局过来处理。这一次举报，因为污染量太大，周江耕考虑再三留下了自己的真实姓名，并在电话里向环保局工作人员保证，如果他举报的不是事实，可以到村里来找他，他承担虚假举报的责任，期望以此增加问题被解决的可能性。但是，一个星期又过去了，环保局还是没有过来处理。废料子一直堵在生产河2里，大家在这样的环境里过了春节。外村过来走亲戚、拜年的人都感觉气味难忍，匆匆吃过饭便走了。村民们对立义化工厂是又气又恼又无奈。

> 当时工人偷偷把料子倒到河里，我发现了就打电话给区环保局举报这个事情。区环保局一直没有来人管这个事情，我又打电话到市环保局。市环保局说让盐都区环保局管，但是一个星期都没有人来管这个事情。（2011年10月，村民周江耕访谈录）
>
> 料子倒在河里以后这个味道是不能闻啊，过年前后我们这边的群众打电话给环保局举报这个事情，一次次地打，跟他们说：你们要问事（处理）啊，古老板排了废料子，弄得我们村里气味不能闻呐。（2012年7月，村民周育才访谈录）

正月里，周江耕又给区环保局打了一次电话，催促他们过来处理。周江耕认识镇政府分管环保的领导干部邱先生。20世纪70年代周江耕在沙岗村当队长的时候，邱先生是邻近一个村里的大队书记。周江耕找到邱先生的联系方式之后，先后给邱先生打了几次电话，请邱先生帮助处理这件事情。可惜邱先生没有理会。

> 我把我的名字和电话号码留给区环保局，实名举报的。我跟环保局的人说：我说的是事实，如果你们来看了不是事实的话，可以通过这个电话或者到村里来找我这个人，我承担一切责任。但是区环保迟迟不来解决这个问题。正月里我又给环保局打电话。……我找过镇政府管环保的邱先生，他以前是附近村的大队书记，后来调上来管环保。我向他反映多次，他们就迟迟地不理这个事情。(2012 年 7 月，村民周江耕访谈录)

到了 2 月 18 日，已经是农历正月二十四了，盐城市饮用水源保护区环境监察支队二大队的队长邵先生来到立义化工厂进行检查。邵先生与古老板已经是老相识，前后多次收过古老板的钱物。这次古老板又拜托邵先生帮忙。于是邵先生没有到厂后的河里进行现场检查，在立义化工厂的办公室里填写了一份现场监察记录。躲过了环保局的责罚，古老板在小尖村里找了几个村民来把坝头挖开，打算同往常一样，将废料子冲到其他河里去，慢慢稀释掉。

二　出大事了:立义化工厂捅出了大娄子

让所有人没有预想到的是，这次水流方向竟然变了。按照往常的情况，水自生产河 A 流进生产河 1，自生产河 1 向东向北，汇入与镇化肥厂相邻的河流 L，流经串场河之后汇入新洋港河，自新洋港河入海。但事有凑巧，这次水流向北向东的路径受阻。原因是生产河 1 北岸小尖村里的一位小老板，在外地做建筑工地的包工头，赚了不少钱，为村里修一条公路，建一座桥。为了方便建桥，小尖村在生产河 1 上筑了一个土坝（见图 5—2），挡住了河水东流的去路。春节前雨雪多，各个河里的水量都涨满了水，19 号夜里又刮起了很大的西北风，下了一场大雨，向北向东去路被挡住的水流调转回头，急速地从生产河 A 向南流，直奔蟒蛇河而去。立义化工厂卸下河的 30 吨废料混在河水里，一起进入了蟒蛇河。(水流方向，见图 5—2)

为什么古老板化工厂的污染会搞得全天下都知道呢？这个事情要感谢河北的小尖村。小尖村的一个小老板在外面搞建筑，赚了不少钱。这个小老板要为村里办实事，不像古老板，人家要名声，要在小尖村造一条小公路。这条小公路现在还在呢。造公路的时候要打坝造桥。打坝之后呢，向东出水的口子被闭起来了。这样原来水路的水流就不通了。这一次注定他（古老板）倒霉。厂后面的坝头开了以后，水流得呼呼的。向北流不通，水流就从南北向的这条河向南直奔蟒蛇河。当时是很大的西北风，水流又猛，直接向南通到大河蟒蛇河里面去了。这个时候街上（市区）要命了，吃水吃到农药味道了，不得了了，这个大事情就发生了。（2012 年 7 月，村民周育才访谈录）

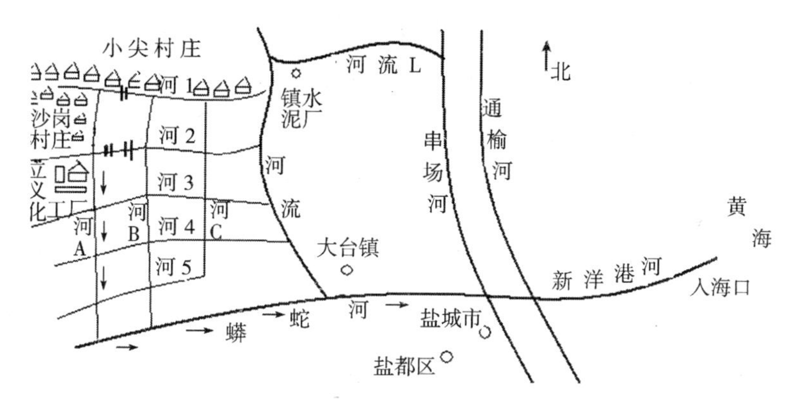

图 5—2　小尖村的坝头及污水流向示意图

蟒蛇河的下游是盐城市区，蟒蛇河为市区最主要的饮用水源。20 号清晨，市区居民打开水龙头接水，发现水有刺激性的农药气味，不能使用，纷纷给市区的亲戚朋友通电话，发现市区用水普遍出了问题。市民们慌张了，赶紧到超市、便利店买水、抢水，一片混乱。清晨 6 点 20 分左右，盐城市自来水公司接到居民反映，水中有农药味。城西水厂检测发现，原水中酚类化合物已达了

0.120mg/l，远超国际标准0.002mg/l。[①] 7点20分前后，市区两座水厂同时关闭所有出水阀，全力抢排已生产的管网水，冲洗被污染的管网。中午，盐城市区大面积停水，几十万居民用水告急。

市委市政府获悉后立即启动突发环境事件应急预案，采取各项紧急措施：启用备用水源通榆河取水口，限制部分工业用水和特种行业用水，启用深井水；调用消防车给学校、医院、儿童福利院、敬老院等重点单位和特殊群体供水；积极组织调度充足的矿泉水、纯净水货源等。[②] 与此同时，紧急组织环保、卫生、海事等相关部门查找污染源。经过抽样化验，很快确定污染源为立义化工厂。

20号中午，污染源确定后，各相关政府部门、各新闻媒体纷至沓来，赶到沙岗村。国家防总、水利部、环保部、省环保厅、华东督察中心、市政府、市环保局、卫生局、区政府、区环保局、镇政府等等，各个层级各相关部门接踵而至。一时间，沙岗村口人声鼎沸，沙岗村从来没有这么热闹过。看到大量的车子开进来，村民们也陆续跑过来看有什么事情发生。古老板刚好在厂里，看到各部门领导干部过来，一开始并没有意识到事情的严重性。刚巧快到中午饭的时间，按惯例应该接待，古老板大概估计了一下人数之后拿起电话打给酒店订餐。

古老板开始还不知道他们要来逮捕他呢。他点了一下人

① 酚类化合物是一种原型质毒物，对一切生活个体都有毒杀作用。能使蛋白质凝固，所以有强烈的杀菌作用。其水溶液很易通过皮肤引起全身中毒；其蒸气由呼吸道吸入，对神经系统损害更大。长期吸入高浓度酚蒸汽或饮用酚污染了的水可引起慢性积累性中毒；吸入高浓度酚蒸汽、酚液或被大量酚液溅到皮肤上可引起急性中毒。如不及时抢救，可在3~8小时内因神经中枢麻痹而残废。慢性酚中毒常见有呕吐、腹泻、食欲不振、头晕、贫血和各种神经系病症。酚对水产和不少微生物、农作物都有一定的毒害。水中含酚0.1~0.2毫克/升时，鱼肉即有臭味不能食用；6.5~9.3毫克/升时，能破坏鱼的鳃和咽，使其腹腔出血、脾肿大甚至死亡。含酚浓度高于100毫克/升的废水直接灌田，会引起农作物枯死和减产。人对酚的口服致死量为530毫克/公斤体重。参考资料，百度百科“酚”词条 http：//baike. baidu. com/view/83681. htm

② 盐城市档案局：http：//www. dayc. gov. cn/Html/Assembly/Class8/8_ 463. html

数，拿手机打电话订饭请客，说的：定三桌饭。我们在旁边望的社员跟他说：不止三桌饭，我们外头这么多人呢，给我们社员也定一桌饭啊。我们社员说的是句气话。他以为像平常一样的，干部来一下就走了。他不晓得就是来逮捕他的。古老板是天诛地灭，那一天子注定灭他了。又是西北风又是下暴雨，水流的方向都改了，注定他要出事。（2012 年 7 月，村民朱老人访谈录）

消息在村里传得很快，村民们都来了。中央、省级的官员们和各媒体的记者们向沙岗村的村民们询问立义化工厂的排污情况。村民们似乎是饱受委屈的孩子终于见到了亲人，憋在心中 7 年的委屈一下子涌现出来。面对着官员和记者的关心，一些村民说着说着就抹眼泪，一些村民拿来了当年被打受伤的照片，跪在官员和记者前面请求他们为村民主持正义，还村民们一个公道。下午，古老板被盐城市公安部门逮捕。看到这一幕，村民们想起 2002 年他们灭炉子被捕的场景。一些村民对着古老板骂道，“恶有恶报”。

北京来人的时候，我们把被打得头破血流的照片给他们看，跪下来哭着求他们，他们答应给解决。（2011 年 7 月，村民周维成访谈录）

三　不念旧情，严惩不贷

此次水污染事件造成盐城市区停水长达 66 小时 40 分钟，造成直接经济损失人民币 543.21 万元，被定性为“2·20 特大水污染事件”。事发当天，面对各大媒体的采访，盐城市政府秘书长回应称，市政府正在对污染事故的责任原因进行分析，一旦确定责任，市委市政府一定会对相关责任人进行严肃处理，决不姑息。3 月 4 日，在市政府召开的新闻发布会上，市长首先公开承认政府部门对此次污染负有责任，向广大市民道歉，接而表示将对污染企业责任人和相关部门、单位和负责人给予严肃查处，决不姑息。从盐城市市长的讲话中，我们可以看到市政府因为此次事件痛下决心，对立义化工厂和地方政府相关负责人将严惩不贷。

> 从整个城市来讲，政府是责任人。我们将把这种歉意落实在具体工作中，通过扎扎实实的努力，保证盐城市民未来的饮水安全。……经过调查，“2·20”水污染事件的基本事实已很清楚。将很快向社会公布一批有关责任人员的处理意见。要严肃认真查明真相，严肃处理职能部门的领导问题，以平民愤。……我们将以对人民负责的精神，严肃认真、善始善终地把这起水污染事件处理好。[①]（2009年3月4日，盐城市长在新闻发布会上的讲话）

2009年2月20日，古老板因涉嫌犯重大环境污染事故罪被刑事拘留。2009年3月20日，因涉嫌犯投放危险物质罪被逮捕。生产负责人方先生也因涉嫌同样的罪行，在相同的时间被拘留和逮捕。两人均被羁押在市看守所。经过一系列研究讨论，2009年7月1日，区人民检察院以被告人古老板、方先生犯投放危险物质罪向盐城市区人民法院提起公诉。起诉书指控：

> 被告人古××、方××于2007年11月底至2009年2月16日间，明知盐城市立义化工有限公司系废水不外排企业，且生产所产生的钾盐废水含有有毒、有害物质，仍将大量钾盐废水排放至五支河内，任其流经蟒蛇河污染本市城西、越河两自来水厂取水口，致2009年2月20日本市20多万居民饮水

① 中共盐城市纪委、盐城市监察局，镜鉴信息网：《市长李强就水污染事件坦诚面对媒体提问》http://www.jsycjw.gov.cn/jjdt/?smalltype=%D6%B4%B7%A8%BC%E0%B2%EC&ycjw_id=32811

停水达66小时40分，造成直接经济损失543.21万元。古××、方××的行为均构成投放危险物质罪，请依法予以惩处。[①]

2009年8月14日，此案一审判决公布：

被告人古××、方××明知钾盐废水中含有有毒、有害物质，仍大量排放，危害公共安全，并致公私财产遭受重大损失，其行为均已触犯刑律，构成投放危险物质罪（传统意义上的"投毒罪"）。在共同犯罪中，被告人古××起决定作用，系主犯；被告人方先生起辅助作用，系从犯，依法可予减轻处罚。被告人古××系在缓刑考验期内再犯新罪，依法应当撤销缓刑并予数罪并罚。

被告人古××犯投放危险物质罪，判处有期徒刑十年；前犯虚开增值税专用发票罪，判处有期徒刑二年。决定执行有期徒刑十一年。被告人方××犯投放危险物质罪，判处有期徒刑六年。[②]

古老板和方先生不服一审判决，向市中级人民法院提出上诉，请求二审法院依法改判。古老板上诉的主要理由是其本人虽然知道钾盐废水有一定的毒害，不能排放，但事先并没有预想到排污行为会引发停水事故，没有投放危险物质的故意。方先生的上诉理由是："没有投放危险物质的故意，不知道排放废水会造成严重后果，仅是打工人员，没有任何利益分红，不应该承担违法责任"。[③]

---

① 江苏法院网：《古××、方××投放危险物质案裁判摘要》http：//www.jsfy.gov.cn/ztlm/lh2011/jdal/2011/01/26115904919.html

② 江苏法院网：《古××、方××投放危险物质案裁判摘要》http：//www.jsfy.gov.cn/ztlm/lh2011/jdal/2011/01/26115904919.html

③ 同上。

市中院最后驳回古老板和方先生的上诉，认为原判认定事实和适用法律正当，维持原判。

古老板和方先生的案件在全国范围内引起了很大的争议。因为这是国内第一次以投放危险物质罪（投毒罪）判处排污企业的责任人，在此之前此类事件中排污企业的责任人都被以“重大环境污染事故罪”追究刑事责任。因为“同案不同判”，围绕这一案件中两位被告罪名能否成立的问题，国内学界和社会领域形成了较大的争议。

笔者在此无意讨论相关法律适用的问题，而是意在探讨这一案件处理的社会情景。虽然此次案件中，对古老板和方先生的判处与之前同类案件相比偏重，但是当这一判决结果公布时，地方村民、市民和互联网上的网民的主导态度是拍手称快、认为两人罪有应得。从中足见此次污染事件在整个社会中引起的民愤之大。与此同时，在此次事件中，盐城市政府被推至社会舆论的风尖浪口，对古老板和方先生严惩不贷、实施重判则在一定程度上为盐城市政府减责、平息民愤和重赢民心。无论在案件的判决中，盐城市政府是否有行政力量参与①，此次判决顺应了民意的同时也顺应了地方政府的意愿。

3 月 4 日的新闻发布会之后，盐城市委市政府公布对相关政府领导干部和职能部门领导干部的处理结果，从中可见盐城市委市政府此次查处力度之大。此次处理中，7 名主要官员受到行政处分，涉及区环保局、区政府、市饮用水源保护区环境监察支队、市水务公司、镇政府。此外，镇派出所所长被免去所长职务；对立义化工厂有直接监察职责的盐城市饮用水源保护区环境监察支队二大队大队长邵先生受到了法律制裁。2・20 特大水污染事件发生后，邵先

① 行政干预司法在当前中国并不鲜见，尤其是在关系到地方政府部门形象、公信力的案件中，行政力量干预司法是“潜规则”。但是对于外界而言，行政力量是否干预司法、干预的程度都是隐秘。本案例中，盐城市中级人民法院“开全国之先河”的实际缘由，与行政力量之间是否有关系，外界难以知晓其内情。

职工没饭吃！”①

即使在环保压力被推到最紧急的位置时，经济压力也未因此减小。在当前中国，无论对于哪一级政府，经济增长都被摆在最为重要的位置。就在“2·20”特大水污染事件发生几天后，2月25日扩内需保增长苏北片座谈会在盐城市召开。省长在会上强调，将一如既往地支持苏北加快发展，强化苏北在保增长促发展中的后发优势，使苏北不仅成为全省抵御危机不利影响的“减震器”和“缓冲带”，而且成为推进区域协调发展的“新动力”和“增长极”。②3月17日至18日，省委书记来到盐城市视察时，反复强调盐城市近期工作要保增长、保民生、保稳定。特大水污染事件刚过，地方各级政府对经济增长需求的急迫程度有增无减，成为地方政府基于利害权衡决定化工企业生存空间的注解。

二　权势攀附：体制和文化空间下污染企业的选择

盐城市F县化治办工作人员王科长的一句话，道破化工企业老板们的生存法则：“这些化工企业的老板，每个人本事真的都挺大的，一找关系就能找到市里领导。”那么，为什么化工企业的老板们都历练出了“找关系”的大本事？

首先，当前相关体制设置，为化工企业老板们制造了攀权附势的体制空间，并使得化工企业老板为获得生存空间、排污空间必须攀权附势。

地方政府为了保证经济政绩和财税收入，具有非常急迫的保增产、促增产的压力和动力，为化工企业尤其是不具有污染物处理能

① 资料来源：网易论坛《关于盐城市盐都区一个月内建立无化区的小小看法》。其中提到，“我们盐城市很多正常运转、经济形势良好的合法化工企业却因一个特发事件，政府一个不负责任的所谓‘一刀切’的处理原则而被迫关停，一夜间千人失业，企业负责人有苦难言、欲哭无泪……”。http：//bbs.news.163.com/bbs/shishi/125120619.html

② 盐城市档案局：http：//www.dayc.gov.cn/Html/Assembly/Class8/8_ 463.html

力的小化工企业老板制造了生存空间。因为化工产业具有与环境污染相亲和的特点，没有污染物处理能力的小化工企业获得生存空间后，必须进一步获得足够的排污空间才能维持生存。环保是悬在化工企业头上的利剑。

在当前中国体制设置下，政府是经济发展的掌舵人，不仅对化工企业的生存空间大小具有绝对的决定权力，还同时掌控着环境行政执法权。在此体制设置下，一旦与政府官员攀上关系，便是与行政权力攀上了关系，不仅企业生存获得更大保证，企业排污也获得一定的空间。由此，不具有污染处理能力的小化工企业要想继续维持生存，必须与相关政府官员攀上关系。因为政府官员的职位越高职权越大，化工企业的老板们为了获得更稳固、长久的生存、排污空间，往往想方设法、千方百计地与地方政府的高层官员攀上关系。于是化工企业的老板们都练就出一身“找关系”的大本事。

其次，中国社会中微观层面的社会关系运作以人情为基础，为化工企业老板们提供了攀权附势的独特文化空间。

如前文所述，在中国差序性的社会结构中，人与人之间关系有明显的亲疏远近之分，待人处事以关系亲近程度为一般性的准则。因此，中国人办事有找熟人的喜好，即俗语中讲的“熟人好办事”。如果有求于对方但与对方关系不熟，往往先通过各种方式拉近关系，再托对方办事。拉近关系的一般方法是“送人情”，通过请客吃饭、送礼或者在紧要的事情上给予帮助等方式拉近双方关系，同时使对方“欠人情”，使对方在下次的交往中自然而然地“还人情”。在这种人情交换中，虽然其中一部分是工具性的交换关系，但因为拉近了关系产生了情分，交换关系更亲近、稳固、长久；虽然涉及利益交换，但与赤裸裸的利益谈判不同，因为拉近了关系并产生了情分，利益交换变得委婉、迂回[1]。因此，化工企业

---

[1] 翟学伟：《人情、面子与权力的再生产》，北京大学出版社2005年版，第166—172页。

的老板们，通过“送人情”与地方官员攀上关系后，常常以兄弟、朋友相称。在化工企业遇到排污等问题时，地方官员自然而然地通过职权对化工企业手下留情来“还人情”。权力与利益的勾连、交换隐身于人情之中。

在苏北地区，从化工企业的来源来看，有两种类型：本地内生化工企业，在化工企业总体中所占比例较小；从外地招商而来的化工企业，在化工企业总体中所占比例较大。因为血缘、地缘关系，立义化工厂等本地企业老板在本地有与生俱来的关系网，通过关系网中的亲戚、朋友的关系网，与地方官员建立亲近关系比较容易。从外地招商而来的化工企业老板们，常常在招商阶段便与地方官员结成亲密关系。外地化工企业老板尤其是在苏南等地环境整治中遭到驱赶的化工企业老板，更强烈地意识到与地方官员“攀关系”的重要性。加之在招商引资过程中，各地招商官员在竞争环境中需要主动与化工企业老板们接触，更促成地方官员与化工企业老板之间形成亲密关系。

企业进入之后，在与地方政府相关部门接触的各种程序、环节中，都可能形成新的人情关系。比如企业投产前相关手续的办理，为了使手续办理更加顺利，企业老板常常通过各种途径与相关部门的官员拉近关系。企业投产后，很快涉及排污问题，需要应对地方职能部门的环境监管。为了节省污染物处理成本，又免于地方职能部门的处罚，企业老板们往往愿意投入大量的钱物“送人情”。由此，我们便能理解古老板为什么对村民们讲，“我在上面用千万，不在你们沙岗群众身上用一分钱”。

与此同时，不定期的环境整治在规范企业生产的同时，常常起到强化化工企业老板与官员关系的作用。环境整治使得化工企业的排污空间缩小，力度较大的环境整治还会威胁到一部分化工企业的生存空间。在此情景下，感受到生存威胁的化工企业老板往往愿意用更多的钱物送更大的人情，以使自己与地方官员间的关系更为亲近和稳固。因此，在现实的环境整治中，化工企业与政府官员的关系、在政府里的“后台”在某种意义上成为企业淘汰的标准之一。关系涉及官员级别越高、“后台”越硬的企业，越能在环境整治中保住生存空间。比如，2006 年末省政府发起的力度空前的化工整治，盐城市大量化工企业被关停。虽然各项硬件指标的达标程度是淘汰企业的主要标准，但是与地方官员尤其是高层官员关系亲密的化工企业更能免遭厄运。再比如，“2·20”特大水污染事件发生后，在盐城市政府的“零化工”和“无化区”举措下，整治区域内的部分企业的遭遇如他们所说是“别人生病，我们吃药”，除了“把药吃下”，企业没有其他选择。部分有能力搬迁的企业在搬迁到其他地区之后，将会“吃一堑，长一智”，更加注重与地方官员尤其是高层官员攀关系，建成更加牢固的关系网。

第六章　结　　语

上文沿着沙岗村工业污染的发生发展以及沙岗村民、立义化工厂和政府间的互动逻辑阐释两条线索，详细阐述了沙岗村工业污染演绎的社会逻辑。在上文详细阐述经验现象的基础上，本章总结苏北盐城地区乡村工业污染问题发生发展的社会机制，并联系苏北地区的历史际遇，讨论这一区域乡村工业污染问题产生的独特社会历史原因。

第一节　三重互动：乡村工业污染的社会机制

"水污染事件中各方的关系格局，直接关系着水污染事件的发生、发展和它的最终结局。"[①] 基于前文，我们可以了解苏北乡村工业污染问题的发生、发展及其最终结局，在很大程度上取决于污染企业、受害的乡村社区以及地方政府三个社会主体之间互动关系。

首先，污染企业进入后，乡村社区与污染企业之间的互动难以有效终止污染问题。污染问题发生后，乡村社区往往依据乡村社会中习惯性的情理采取行动。在对己有利的情况下，污染企业往往顺应乡村情理；在对己不利的情况下，污染污染企业则选择性地利用

---

① 陈阿江：《水污染事件中的利益相关者分析》，载《浙江学刊》，2008 年第 4 期，第 169—175 页。

现行法规，制造对己有利而对乡村社区不利的局面，压制乡村社区内反对污染问题的力量。在现行法律法规被定于一尊的情况下，符合乡村情理但有违现行法律法规的村民行为常常受到法律制裁。在村民受到法律制裁的同时，背后的环境污染问题常常被忽略了。结果，受过法律制裁的村民们不再敢依据乡村情理反对村内的污染企业，污染企业获得更大的排污空间，污染问题日趋严重。

从沙岗村民与立义化工厂间互动的实践逻辑来看，沙岗村民与立义化工厂之间围绕污染问题的互动，非但没有有效终止污染问题，相反造成污染延续、村民受害加重的结果。污染问题首次发生后，沙岗村民们在"和为贵"、"以德报怨"的情理性规范下，与立义化工厂达成和解：同意立义化工厂继续生产，但要求立义化工厂承诺不再有类似的污染和损害村民利益的现象发生。因为和解和表面的承诺对立义化工厂是有利的，立义化工厂选择顺应乡村情理。污水偷排的隐秘显露以后，沙岗村民在情理性规范下，通过堵下水沟、灭锅炉、挖公路甚至是肢体冲突等方式惩罚企业背信弃义的行为，阻止企业继续生产和排污。虽然村民的行为在乡村情理性规范的合理框架内，但是违反现行相关法律。立义化工厂古老板与村民相比，不仅熟知乡村情理，还熟悉现行法律。古老板选择略过其自身污染违法的事实，抓住污染冲突中村民阻止生产、破坏公路等违法行为，向当地公安部门报警。甚至故意设局引村民做出违法行为，与地方干警、联防队员及厂内工作人员发生暴力冲突。结果，村民受到法律制裁，立义化工厂的排污获得更大社会空间，村民受害更为严重。污染问题因此不能获得解决。(图 6—1)

其次，当污染问题不能在乡村社区与污染企业的互动中解决时，乡村社区往往通过找政府就污染问题与政府发生互动，但是由于体制、社会文化等原因，污染问题难以获得解决。

在包括沙岗村在内的众多反抗乡村工业污染的苏北村庄中，在通过乡村社区内部的力量难以解决问题的情景下，村民找政府解决污染纠纷是最为常见的。之所以如此，与历史的、社会的、文化的

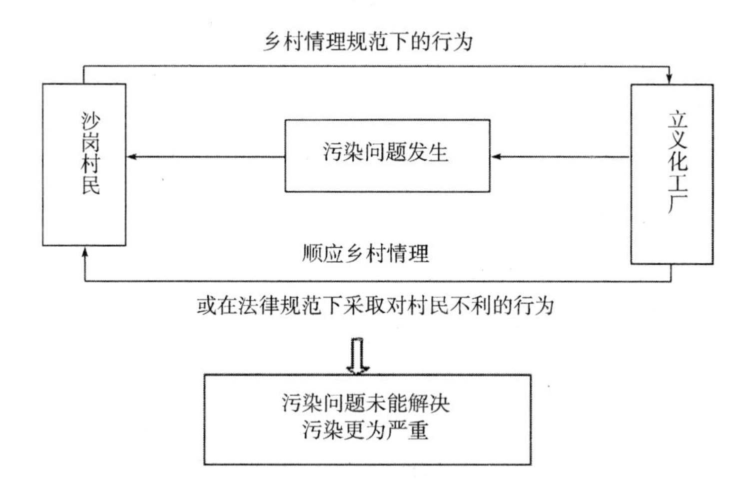

图 6—1 乡村社区与污染企业间的互动及其环境结果

习惯有关。在中国传统社会里，差序礼义的规范框架内，“父母官”应该为民匡扶正义、扬善惩恶，地方官吏则类似于一方百姓的大家长。新中国成立后，“父母官”的传统得到了一定的传承，在集体经济时期甚至得到强化。在村民们朴素的观念中，对国家、政府、官吏的想象和期望依然延续了差序礼义的传统，依然受中国传统社会价值规范的影响。这决定了乡村社区在通过自身力量未能解决问题的情况下，寻求其他解决方式的首要途径自然而然地限定在找政府解决的途径上。诉诸司法部门、媒体、民间组织等其他解决问题的方式难能从乡村社区内生发出来，通过找媒体、诉讼等方式解决污染问题的现象，仅在极个别的村庄中发生。这样，乡村工业污染问题的解决，在较大程度上取决于乡村社区与政府之间的互动。

乡村社区中，污染受害村民基于差序礼义，通过打电话举报、寄上访信、集体走访、越级上访等方式与基层政府、高层政府发生互动，期望政府部门为其作主。但是如前文所述，在表达层面，政府理想从未与村民们差序式的想象和期望有很大出入，但在实践层面，当前中国各级政府无法、无力做到完全符合村民们差序式的期望。

之所以如此，与体制设置、各级政府的利益考量有较大的关系。首先，因为在体制设置和利益考量下，高层政府具有下交矛盾的倾向。虽然当前的信访制度遵从传统民众的表达习惯，留给底层百姓一线通过政府解决问题的曙光，对高层政府可以起到了解民情的作用，对社会稳定可以起到社会“安全阀”、“减震器”的作用，但是高层政府为了避免刺激更多的民众上访，减轻自身压力，倾向于将矛盾下交地方政府。在当前的信访规定中，“分级负责”、“属地管理”始终是核心的原则。正因此，沙岗村村民到省一级政府上访数次未能解决问题。基于此，乡村工业污染问题的解决，在很大程度上是取决于基层地方政府。

其次上文曾有详细阐述，在乡村工业污染问题上，地方政府被迫陷入十分矛盾的处境。在当前的“压力型体制”之下，各级政府面临自上而下的经济赶超压力。经济政绩最直接、最主要地决定地方官员的职位晋升。与此同时，放权让利和“分灶吃饭”的财政体制改革，在增加地方财政压力的同时，也将地方政府发展经济的积极性激发出来。这一系列因素促成地方政府由“代理型政权经营者”转变为“谋利型政权经营者”，成为类似于厂商的经济利益实体。在任期政绩、“吃饭财政”等压力之下，地方主要官员需要在短期内做出“温饱”或“环保”的两难选择。迫切的短期经济利益需求下，必然造成污染肆虐的结果。在沙岗村，村民要求立义化工厂停产、暴力冲突的发生、村民持续的上访、筑坝拦污等一系列事件的发生，一步步地触碰到地方政府在经济利益、社会稳定政绩和官位三重利益，将地方政府的行为逻辑展现出来。污染问题不能在乡村社区与地方政府的互动中获得解决几成定局。(图6—2)

最后，在一般情况下，地方政府与污染企业之间形成“猫鼠结盟”的互动关系，污染问题的解决难上加难。一方面，因为地方政府由“代理型政权经营者”转变为“谋利型政权经营者”，为了保证经济政绩和财税收入，地方政府对污染企业有一定的需求。因为地方政府是地方经济的掌舵人，对化工企业的生存空间大小具有绝对的决定权，污染企业因此获得生存空间和排污空间。另一方面，相关体制设置和文化为污染企业提供了攀权附势的社会空间。地方政府对污染企

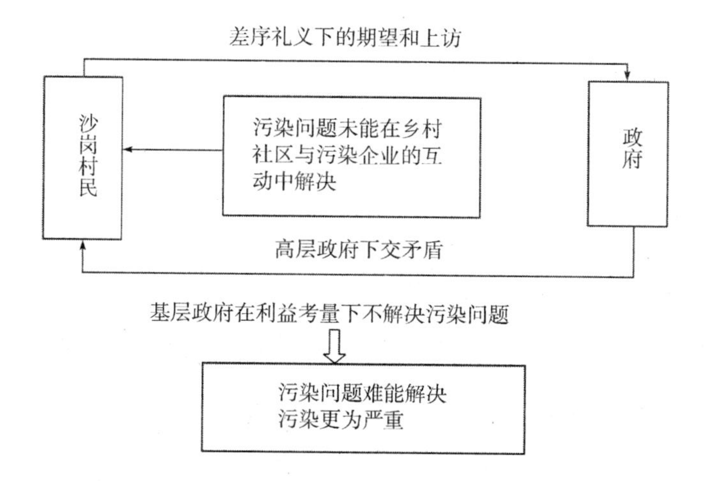

图 6—2　乡村社区与政府间的互动及其环境结果

业的生存空间有决定权以及地方政府对污染企业有需求，为污染企业寻求权力庇护提供了体制空间。以人情关系为基础的社会为污染企业寻求权力庇护提供了文化空间。污染企业的老板们千方百计与地方官员攀关系、拉交情以求得权力庇护，形成“权力—利益”关系网。在此情景下，环保、安监部门等地方职能部门不定期的监管和专项整治工作虽然可能促进污染企业改进生产设备和工艺，减少污染，但同时也可能促使污染企业在生存威胁之下利用钱物与地方官员结成更为牢固的“权力—利益”关系网。（见图 6—3）

在沙岗村的案例中，我们可以看到企业主古老板与市、区、乡镇多位官员结成“权力—利益”关系，获得政府权力的庇护。与市饮用水源保护区环境监察支队几位工作人员、区环保局副局长、乡镇政府官员间的亲密关系，为立义化工厂提供了宽松的生存、排污空间。与市公安局局长有多年的老交情，为古老板与沙岗村民之间冲突的处理提供了很大的帮助。基层地方政府权力的庇护，立义化工厂不仅可以避开地方政府的环境监管，还可以躲开高层政府的环境整治。2006 年省政府开展的全省化工生产企业专项整治工作中，按照整治标准，立义化工厂至少必须在 2008 年底前搬迁进入化工集中区域。按照地方政府的整治要求，立义化工厂需在 2007

年底前搬迁进入化工集中区域，但在地方权力的庇护下，直至2009年初特大水污染事件发生，立义化工厂尚未搬迁。

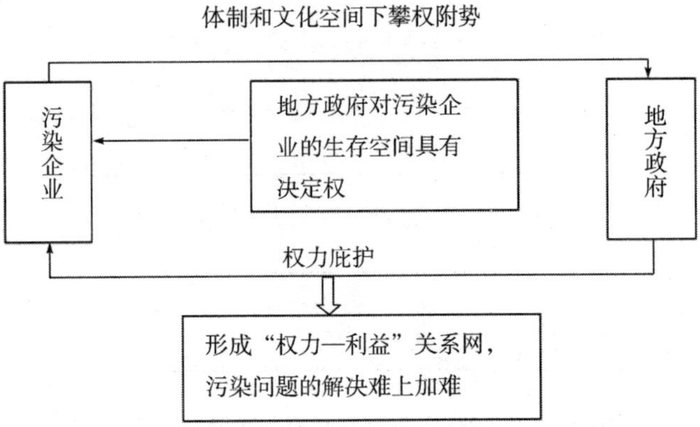

体制和文化空间下攀权附势

污染企业

地方政府对污染企业的生存空间具有决定权

地方政府

权力庇护

形成“权力—利益”关系网，污染问题的解决难上加难

图6—3　一般情况下，地方政府与污染企业间的互动关系

基层地方政府与污染企业间的互动关系并不是一成不变的，沙岗村的案例为我们提供了观察这对互动关系变化的机会。2009年2月20日“2·20特大水污染事件”发生，引起高层政府、国内外媒体、社会民众的集中关注。盐城市政府为此被推至风口浪尖，对肇事者立义化工厂、整个化工产业、相关职能部门的处理在全社会的注视之下，一旦处理不妥将危及地方政府主要官员自身的官位。盐城市政府对立义化工厂的态度发生逆转，对企业主古老板和生产负责人严惩不贷。并且更进一步，做出“零化工”和“无化区”的举措，在1个多月的时间内将盐城市水源地和盐都区辖区内所有化工企业清理出户。甚至其中一些不存在污染隐患的化工企业也被清理。沙岗村和盐城市水源地、盐都区辖区内所有遭受化工污染之害的村庄里持续多年的污染桎梏瞬间解决。

从中我们可以看到：地方政府对化工企业的生存空间、排污空间具有绝对的决定权力，地方政府与污染企业之间的关系完全由地方政府掌握主动；在互动实践过程中，对污染企业庇护或者严惩，取决于污染企业对地方政府这一权力经营者的利害情况。利大于害，监管万难；害大于利，严惩不贷。（见图6—4）

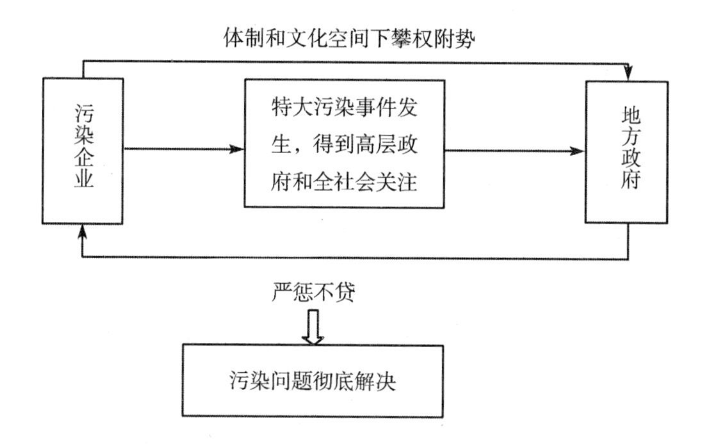

图 6—4　特大污染事件发生后，地方政府与污染企业间的互动关系

综上可以发现，沙岗村案例展示出苏北盐城地区乡村工业污染的社会机制。乡村工业污染问题的发生、发展状态及其最终结局如何，蕴藏在污染企业、受害乡村社区和政府三个主体间的互动之中。

第二节　三重焦虑:苏北乡村工业污染的独特原因

讨论乡村工业污染问题的社会成因，不仅需要在利益相关主体的互动中解读污染演绎的社会逻辑，还需要将乡村工业污染问题放在更为宏观的社会历史当中加以考察，对乡村工业污染问题获得更为深入、透彻的理解。

严重的工业污染问题与对工业发展急不可待的焦躁社会心理之间具有很强的亲和关系。在世界历史和中国经济发展的实践中，因为急求经济增长导致工业污染的先例比比皆是。从前文所述的“盼财神”到“招财神”、“接财神”和“抢财神”，我们也可以感受到包括盐城地区在内的整个苏北地区是在一种迫不及待的社会心理之下实现了工业发展的历史性跃进。

陈阿江将中国在西方发达国家的压力之下，因为落后、追赶现代化而产生的社会性焦虑称为“次生焦虑”，并指出中国怕“落后”的近代焦虑导致中国出现比西方社会更严重和急剧的环境问题。[1] 如果我们援引“次生焦虑”这一概念分析苏北地区，会发现苏北地区所处的独特社会历史情境使得苏北地区面临经济赶超的三重结构性压力，这三重结构性压力衍生出三重焦虑，使苏北地区没有足够的空间从容不迫、慢条斯理地做长远发展规划。这三重结构性压力分别是：其一，国家现代化的宏观压力；其二，江苏省力争在全国范围内率先发展的压力；其三，在江苏省内，赶超苏南地区的压力。

首先，新中国成立后，发展国民经济、实现经济赶超成为国家性目标。“二战”以后，现实被发展话语殖民化，在以经济发展程度为标准的“发达”与“欠发达”话语建构下，第三世界国家纷纷“发现”自己的“贫困”，并“遭遇发展”。[2] 中国也不例外。19世纪中叶至20世纪中叶的百年“挨打”历史，使中国人深切感受到“落后”。“贫困”和“落后”被问题化之后，发展经济以改变落后状态顺顺当当地成为新中国的首要任务。在新中国成立之初，作为新中国第一届政府主要领导人，毛泽东提出“没有工业，便没有坚固的国防，便没有人民的福利，便没有国家的富强”。[3] 在中国政府提出的发展口号中，我们耳熟能详的比如“落后就要挨打”、“发展是硬道理”和“发展是第一要务”。在经济赶超的目标上，新中国成立之初提出用15年时间赶上和超过英国。为了加快追赶速度，一度将目标定位于用三五年的时间赶英超美。计划经济时期的“一五”计划到“六五”计划，以及改革开放后的“七五”计划到当下的“十二五”规划，国民经济的快速增长是一以

① 陈阿江：《中国环境问题的社会历史根源》（重印本序），载《次生焦虑：太湖流域水污染的社会解读》，中国社会科学出版社2009年版，第1—17页。

② ［美］阿图罗·埃斯柯瓦尔（Arturo Escobar）：《遭遇发展——第三世界的形成与瓦解》，汪淳玉等译，社会科学文献出版社2011年版，第1—5页。

③ 《中华人民共和国发展国民经济的第一个五年计划（1953—1957）》，人民出版社1955年版，第15页。

贯之的中心目标。在国家计划或规划之下，苏北地区与中国其他地区一样，必须完成相应的地方经济增长目标，这一经济增长的压力是巨大的。

其次，在国家宏观经济压力之下，江苏省自加压力，力争在全国范围内率先发展，这对省内各个地方而言，经济增长的压力无疑又增加一重。有学者在考察"大跃进"时期的中央—地方关系时，将地方政府在主要经济指标上开展竞赛的独特现象称为"锦标赛体制"。[①] 实际上，不仅仅是在"大跃进"时期，自新中国成立至今，各地政府在发展地方经济上的竞争是一以贯之的。江苏在历史上一直是国家的重要赋税之地。在新中国建立后的经济增长"锦标赛"中，江苏省一直处在"领跑者"的位置。与此同时，江苏省自加压力，力争保持"领跑者"地位，并在全国范围内实现率先发展。早在2003年，全国"两会"期间，江苏省提出了率先全面建成小康社会，率先基本实现现代化的目标。[②] 江苏省率先发展的必要条件是，省内各地经济必须长期以全国领先的增速保持快速增长的态势。在江苏省率先发展的目标下，苏南、苏中、苏北各地政府都承担着很大的经济增长压力。这其中，苏北地区经济最为落后，为不拖全省经济"领跑"全国的"后腿"，苏北地区面临的经济增长压力非常之大。

最后，在江苏省内，作为"经济洼地"的苏北地区，始终面临着追赶苏南地区的经济增长压力。从第二章中对苏北历史际遇的详细阐述，可以知道苏北追赶苏南的压力由来已久，在上海、苏南等邻近的发达地区的比照之下，顶着"江北佬"、"贫穷"帽子的苏北地区因为这种比照之下的差距，具有历史性的追赶焦虑。追赶苏南，意味着不仅需要保持地方经济高速增长，还需要保持比苏南

---

① 周飞舟：《锦标赛体制》，载《社会学研究》，2009年第3期，第61页。

② 来源：网易新闻网，《江苏科学发展谋率先》，http：//news.163.com/11/0623/04/7774NK0O00014AED.html 凤凰网，《江苏：率先发展学习为要（全党学习在行动）》http：//news.ifeng.com/gundong/detail_2011_07/26/7938243_0.shtml？_from_ralated

地区更高的增长速度才能缩小差距。由此我们可以在一定程度上理解苏北各市县地方政府和普通民众“盼财神”的社会心理，可以理解苏北各市县地方政府在“招财神”、“接财神”和“抢财神”中舍环保求温饱的行为选择。

从前文提及的《关于加快苏北振兴的意见》（苏发〔2005〕10号）和《关于加快南北产业转移的意见》（苏政办发〔2005〕86号）等文件，我们可以看到省政府对苏北地方政府在赶超苏南经济上的施压。从苏南苏北干部任用的流动规则，我们也可以感受到苏北地方官员在发展经济上的压力。在基于追赶现代化形成的压力型体制下，“数字出政绩，政绩出干部”。因为苏北地区的头上顶着经济“洼地”、“落后”的帽子，苏北的干部到苏南，如果是平级调动，会比原来的职位低，而苏南的干部到苏北一定要升一级或者两级。[①] 上文曾提到的盐城市F县环保局张副书记的一段话，印证了这一点：

> 打个比方，为什么南京市长、苏南地区的市长更容易晋升？因为他们地方上利税高。就好像家里有两个孩子，一个考上了研究生，一个考不上学。妈妈口中说两个孩子都一样，实际上还是喜欢考了学的那个。关键的一点，政绩考核机制。(2011年10月，盐城市F县环保局张副书记访谈录)

张副书记口中“考上研究生的孩子”是苏南地方官员的比喻，“考不上学的孩子”则是指苏北地方官员。这种区域干部任用上的差别对待，导致苏北地方官员在发展经济上，比苏南地区有着更沉重的焦虑。也正因此，投资周期短、对经济增长的拉动见效快的化工产业，备受苏北地方官员青睐。

---

① “江苏盐城水污染原因解析：利益面前有法不依”，中国网：http：//www. china. com. cn/news/txt/2009—02/26/content_ 17335767_ 2. htm

在民间社会层面，我们也可以感受到苏北百姓对现代化的期望比其他地区的百姓更强烈。如前文所述，苏北民众因为长期灾难就食江南成为卑贱的“江北佬”；新中国成立后虽获温饱，但在苏南发达工业经济的比较之下，显得更“穷”了，依然戴着贫穷落后的帽子。在现代化、工业化几乎成为全民信仰的社会环境中，苏北乡村百姓对地方政府招商引资而来的化工企业的态度常常难置褒贬。大量遭受工业污染的村庄并未发生环境抗争。与此同时，历史性的恐惧落后的焦虑，不仅体现在对现代化的渴望中，还体现在家庭间的你追我赶之中。在发生持续环境抗争的沙岗村，一些先前曾经参与环境抗争的村民，事后在家庭经济压力的无奈之下到立义化工厂打工。这一行为并不是来自对贫穷的恐惧，更多是来自对落后于他人的恐惧。

“跃进”运动是“次生焦虑”的典型表现[①]，化工大招商则是经济“跃进”的典型表现。苏北地区为“温饱”舍“环保”的大招商运动在很大程度上是三重结构性压力和历史性焦虑的结果。苏北地区在经济发展中的教训，对中国其他后发地区具有重要的启示。后发地区在经济发展的过程中，要避免工业污染问题的发生，需要持有长远的眼光，带着冷静的态度，小心谨慎地做好产业的遴选、规划和合理布局，从源头上杜绝工业污染问题。

在当前中国城乡二元社会结构下，乡村工业污染问题长期受到忽视。在过去数年中，大量污染企业从城市转移至乡村。这一现象可能在未来较长一段时间中难能有彻底的改观。在寻求短期经济目标的现实环境下，随着工业的梯度转移以及污染产业的治理力度逐渐加强，将有更多的欠发达地区的农村遭遇工业污染、农业生产体系破坏以及人类的健康和生命安全风险。

当前，随着污染产业整治及后发地区在发展工业过程中规划理

---

① 陈阿江：《中国环境问题的社会历史根源》（重印本序），载《次生焦虑：太湖流域水污染的社会解读》，中国社会科学出版社2009年版，第1—17页。

念的加强，化工企业原来小、散、乱的现象逐渐减少，呈现出以工业园集聚存在的新特征。化工企业的集聚具有积极意义。比如，污染源被控制在有限的空间范围内，较多村庄因此摆脱了污染受害的状态；在管理层面上，对企业排污的监控更加容易。但是，我们没有理由过度乐观。化工企业集聚并不必然解决污染问题，企业仍然可能出于经济理性偷排污染物，地方政府出于经济增长、政绩、财政等利益诉求依然可能与污染企业"结盟"。盐城地区有现实的例子，化工园区濒临海洋，一方面，污染企业可能利用海洋的环境容量肆意排污；另一方面，因为临近海洋的乡村人口密度相对较小，村民采取环境抗争行动的可能性更小，近海污染可能成为"'民不举，官不究，媒体关注盲区'的隐形环境问题"[①]。这样的发展故事可能在中国其他地区重演，环境风险及其引起的社会风险依然严峻。

欠发达地区如何实现乡村工业、环境与社会协调发展，需要更深入的探索。苏北地区舍"环境"求"温饱"造成严重的环境污染和社会危害，对中国其他欠发达地区而言是一个教训。我们也需要注意到，虽然赶超压力和对落后的焦虑容易导致急进式的经济增长方式，但是并不必然造成的这样的结果。关键在于在发展方式的选择上能够做到带着长期理性的眼光做出合理的规划，并且积极运用乡村社区等监督力量，阻止环境污染现象的发生和加重。如何做到这一点，需要我们时刻关注经验现象，持续开展更深入的研究。

---

① 崔凤、秦佳荔：《论隐形环境问题——对LY纸业公司的个案调查》，载《河海大学学报》（哲学社会科学版），2012年第4期，第43—49页。

参考文献

［1］长三角联合研究中心：《长三角年鉴》（2011 年），河海大学出版社 2011 年版，第 26—27 页。

［2］［美］韩起澜：《苏北人在上海，1850—1980》，卢明华译，上海古籍出版社，上海远东出版社 2004 年版。

［3］Lyn White. Jr. *The Historical Roots of Our Ecologic Crisis.* Science, 1967, Vol. 155, No. 3767: 1203 – 1207.

［4］Lewis W. *Moncrife. The Cultural Basis for Our Environmental Crisis.* Science, 1967, Vol. 170, No3957: 508 – 512.

［5］Allan Schnaiberg. *The Environment: From Surplus to Scarcity.* Oxford: Oxford University Press, 1980: 220 – 234.

［6］Michael Bell. *An Invitation to Environmental Sociology.* California: Pine Forge Press, 2004: 53 – 64.

［7］约翰·贝拉米·福斯特：《生态危机与资本主义》，耿建新宋兴无译，上海世纪出版股份有限公司，译文出版社 2006 年版。

［8］陈阿江：《次生焦虑：太湖流域水污染的社会解读》，中国社会科学出版社 2009 年版。

［9］陈阿江：《中国环境问题的社会历史根源》（重印本序），载《次生焦虑：太湖流域水污染的社会解读》，中国社会科学出版社 2009 年版，第 1—17 页。

［10］陈阿江：《文本规范与实践规范的分离——太湖流域工业污染的一个解释框架》，载《学海》，2008 年第 4 期，第 52—59 页。

［11］张玉林：《政经一体化开发机制与中国农村的环境冲突》，载《探索与争鸣》，2006 年第 5 期，第 26—28 页。

［12］洪大用、马芳馨：《二元社会结构的再生产——中国农村面源污染的社会学分析》，载《社会学研究》，2004 年第 4 期，第 1—7 页。

［13］罗亚娟：《乡村工业污染中的环境抗争——东井村个案研究》，硕士学位论文，2009 年。

［14］陈阿江：《水污染事件中的利益相关者分析》，载《浙江学刊》，2008 年第 4 期，第 169—175 页。

［15］王威：《拉关系与担责任：小钒厂的行动逻辑——乡村污染企业的社会学研究》，厦门大学硕士学位论文，2009 年。

［16］冯仕政：《沉默的大多数：差序格局与环境抗争》，载《中国人民大学学报》，2009 年第 1 期，第 122—132 页。

［17］陈阿江：《从外源污染到内生污染——太湖流域水环境恶化的社会文化逻辑》，载《学海》，2007 年第 1 期，第 36—41 页。

［18］童星、张乐：《国内社会抗争研究范式的探讨——基于本体论与方法论视角》，载《学术界》，2013 年第 2 期，第 44—59 页。

［19］张玉林：《环境抗争的中国经验》，载《学海》，2010 年第 2 期，第 66—68 页。

［20］司开玲：《农民环境抗争中的“审判性真理”与证据展示——基于东村农民环境诉讼的人类学研究》，载《开放时代》，2011 年第 8 期，第 130—140 页。

［21］唐国建、吴娜：《蓬莱 19—3 溢油事件中渔民环境抗争的路径分析》，载《南京工业大学学报》（社会科学版），2014 年第 3 期，第 104—114 页。

［22］童志锋：《政治机会结构变迁与农村集体行动的生成——基于环境抗争的研究》，载《理论月刊》，2013 年第 3 期，

第 161—165 页。

［23］朱海忠：《政治机会结构与农民环境抗争——苏北 N 村铅中毒事件的个案研究》，载《中国农业大学学报》（社会科学版），2013 年第 1 期，第 102—110 页。

［24］陈占江、包智明：《农民环境抗争的历史演变与策略转换——基于宏观结构与微观行动的关联性考察》，载《中央民族大学学报》（哲学社会科学版），2014 年第 3 期，第 98—103 页。

［25］景军：《认知与自觉：一个西北乡村的环境抗争》，载《中国农业大学学报》（社会科学版），2009 年第 4 期，第 5—14 页。

［26］李晨璐、赵旭东：《群体性事件中的原始抵抗：以浙东海村环境抗争事件为例》，载《社会》，2012 年第 5 期，第 179—193 页。

［27］许庆明：《试析环境问题上的政府失灵》，载《管理世界》，2001 年第 5 期，第 195—197 页。

［28］马传松：《困境与出路：对我国环境保护中“稻草人现象”的社会学透视》，载《四川环境》，2007 年第 2 期。

［29］陈涛、左茜：《“稻草人化”与“去稻草人化”——中国地方环保部门角色式微及其矫正策略》，载《中州学刊》，2010 年第 4 期。

［30］耿言虎、陈涛：《环保“土政策”：环境法失灵的一个解释》，载《河海大学学报》（哲学社会科学版），2013 年第 3 期。

［31］翟学伟：《中国人社会行动的结构——个人主义和集体主义的终结》，载《南京大学学报》（哲学·人文科学·社会科学版），1998 年第 1 期。

［32］翟学伟：《中国人的价值取向：类型、转型及其问题》，载《南京大学学报》（哲学·人文科学·社会科学版），1999 年第 4 期。

［33］应星：《“气场”与群体性事件的发生机制——两个个案

的比较》，载《社会学研究》，2009 年第 6 期。

[34] 应星：《“气” 与中国乡村集体行动的再生产》，载《开放时代》，2007 年第 6 期。

[35] 应星：《大河移民上访的故事》，生活 · 读书 · 新知三联书店 2001 年版，第 54 页。

[36] 吴毅：《“权力—利益的结构之网” 与农民群体利益的表达困境——对一起石场纠纷案例的分析》，载《社会学研究》，2007 年第 5 期，第 21—45 页。

[37] 黄光国等：《人情与面子：中国人的权利游戏》，中国人民大学出版社 2010 年版。

[38] 翟学伟：《面子 · 人情 · 关系网》，河南人民出版社 1994 年版。

[39] 翟学伟：《人情、面子与权力的再生产——情理社会中的社会交换方式》，载《社会学研究》，2004 年第 5 期。

[40] 吉尔兹：《地方性知识》，王海龙、张家瑄译，中央编译出版社 2000 年版，第 73 页。

[41] 王宁：《代表性还是典型性？——个案的属性与个案研究方法的逻辑基础》，载《社会学研究》，2002 年第 5 期，第 123—125 页。

[42] 朱晓阳：《小村故事：罪过与惩罚（1931—1997）》，北京：法律出版社 2011 年版，第 36—45 页。

[43] 孙立平：《“过程—事件分析” 与当代中国国家——农民关系的实践形态》，载清华大学社会学系：《清华社会学评论特辑》，鹭江出版社 2000 年版。

[44] 费孝通：《小城镇，苏北初探》，载《小城镇四记》，新华出版社 1985 年版，第 76—77 页。

[45] 李江浙：《大费育稻考》，载《农业考古》，1986 年第 2 期，第 232—247 页。

[46] 闵宗殿：《江苏稻史》，载《农业考古》，1986 年第 1

期，第254—266页。

［47］吴必虎：《苏北平原区域发展的历史地理研究》，载中国地理学会历史地理专业委员会《历史地理》编辑委员会编，《历史地理》（第八辑），上海人民出版社1990年版，第188页。

［48］吴必虎：《历史时期苏北平原地理系统研究》，华东师范大学出版社1996年版，第9—16页。

［49］刘莹、陈鼎如：《历代食货志今译（史记平准书、货殖列传、汉书食货志）》，江西人民出版社1984年版，第60—61页。

［50］管仲：《管子》，梁运华校点，辽宁教育出版社1997年版，第220页。

［51］倪玉平：《试论道光初年漕粮海运》，载《历史档案》，2002年第1期，第93—98页。

［52］姚顺忠：《唐代诗人高适笔下的涟水》，载《江苏政协》，2009年第3期，第53—54页。

［53］马俊亚：《被牺牲的"局部"：淮北社会生态变迁研究（1680—1949）》，北京大学出版社2011年版。

［54］凌申：《黄河夺淮与江苏两淮盐业的兴衰》，载《中国社会经济史研究》，2011年第1期，第11—17页。

［55］蒋慕东，章新芬：《黄河"夺泗入淮"对苏北的影响》，载《淮阴师范学院学报》（哲学社会科学版），2006年第2期，第230页。

［56］［美］黄仁宇：《明代的漕运》，张皓、张升译，新星出版社2005年版，第218页。

［57］王汉忠：《灾害、社会与现代化——以苏北民国时期为中心的考察》，社会科学文献出版社2005年版。

［58］潘涛：《民国时期苏北水灾灾况简述》，载《民国档案》，1998年第4期，第108—110页。

［59］王树槐：《中国现代化的区域研究——江苏省（1860—1916）》，中研院近代史研究所发行，1985年版。

[60] 沈关宝：《一场静悄悄的革命》，上海大学出版社 2007 年版。

[61] 印水心：《盐城乡土地理》，上海商务印书馆 1920 年版，第 12—26 页。

[62] 赵赟：《近代苏北佣妇在上海的规模与处境》，载《史学月刊》，2010 年第 8 期，第 102—108 页。

[63] 上海社会局：《上海市人力车夫生活状况调查报告书》，载《社会半月刊》，1934 年第 1 期。转引自马俊亚《近代江南都市中的苏北人：地缘矛盾与社会分层》，载《史学月刊》，2003 年第 1 期，第 95—100 页。

[64] 费孝通：《小城镇在探索（之三）》，载《瞭望周刊》，1984 年第 22 期，第 23—24 页。

[65] 费孝通：《乡土中国生育制度》，北京大学出版社 1998 年版。

[66] 黄宗智：《清代的法律、社会与文化》，上海书店出版社 2001 年版，第 5—9 页。

[67]［清］汪辉祖：《佐治药言》，载赵子光释：《一个师爷的官场经》，九州图书出版社 1998 年版，第 12 页。

[68]［清］汪辉祖：《学治臆说》，载赵子光释：《一个师爷的官场经》，九州图书出版社 1998 年版，第 111 页。

[69] 曹德本：《和谐文化模式论》，载《清华大学学报》（哲学社科学版），2000 年第 3 期，第 1 页。

[70] 孔子：《论语全鉴》，东篱子译，中国纺织出版社 2010 年版，第 14 页。

[71] 辜鸿铭：《中国人的精神》，李晨曦译，上海三联书店 2010 年版，第 19 页。

[72] 张树国：《礼记》，青岛出版社 2009 年版。

[73] 于建嵘：《岳村政治》，商务印书馆 2001 年版，第 349—351 页。

［74］张乐天：《人民公社制度研究》，上海人民出版社 2005 年版，第 85—87 页。

［75］贺雪峰：《新乡土中国：转型期乡村社会调查笔记》，广西师范大学出版社 2003 年版，第 171—175 页。

［76］苏力：《送法下乡——中国基层司法制度研究》，北京大学出版社 2001 年版，第 33 页。

［77］Charles Tilly. *Popular Contention in Great Britain*，1758—1834，Cambridge，Mass：Harvard University Press，1995. 转引自赵鼎新《社会与政治运动讲义》，社会科学文献出版社 2006 年版，第 221—224 页。

［78］赵鼎新：《社会与政治运动讲义》，社会科学文献出版社 2006 年版，第 224—228 页。

［79］［美］T. 帕森斯：《社会行动的结构》，张明德等译，译林出版社 2003 年版，第 48—50 页。

［80］［美］乔纳森·H. 特纳：《社会学理论的结构》，邱泽奇等译，华夏出版社 2006 年版，第 36—38 页。

［81］应星：《“气”与中国乡土本色的社会行动——一项基于民间谚语与传统戏曲的社会学探索》，载《社会学研究》，2010 年第 5 期，第 120 页。

［82］滋贺秀三：《中国法文化的考察——以诉讼的形态为素材》，载滋贺秀三等：《明清时期的民事审判与民间契约》，法律出版社 1998 年版，第 13—14 页。

［83］金观涛、刘青峰：《兴盛与危机——论中国社会超稳定结构》，中文大学出版社 1992 年版，第 9—48 页。

［84］梁漱溟：《中国文化要义》，世纪出版集团、上海人民出版社 2005 年版。

［85］冀昀主编：《左传》，线装书局 2007 年版，第 599 页。

［86］［英］卡尔·波兰尼：《大转型：我们时代的政治与经济起源》，冯钢、刘阳译，浙江人民出版社 2007 年版，第 15—16 页。

［87］季卫东：《评判者的千虑与一失》，载张静主编：《国家与社会》，浙江人民出版社1998年版，第39—40页。

［88］黄宗智：《中国的“公共领域”与“市民社会”？——国家与社会间的第三领域》，载社会学视野网，2010年7月。http：//www. sociologyol. org/yanjiubankuai/tuijianyuedu/tuijianyuedu-liebiao/2010—07—08/10564. html

［89］张静主编：《国家与社会》，浙江人民出版社1998年版，第3—4页。

［90］孟国楚：《“父母官”新考》，载《人民论坛》，2001年第6期，第27页。

［91］游赞洪：《明朝巡抚的官箴》，载《政府法制》，1994年第3期，第41页。

［92］焦长权：《政权“悬浮”与市场“困局”：一种农民上访行为的解释框架——基于鄂中G镇农民农田水利上访行为的分析》，载《开放时代》2010年第6期，第43页。

［93］路风：《单位：一种特殊的社会组织形式》，载《中国社会科学》，1989年第1期，第83页。

［94］郭星华、王平：《中国农村的纠纷与解决途径——关于中国农村法律意识与法律行为的实证研究》，载《江苏社会科学》，2004年第2期，第72页。

［95］应星：《作为特殊行政救济的信访救济》，载《法学研究》，2003年第3期。

［96］荣敬本等：《从压力型体制向民主合作体制的转变：县乡两级政治体制改革》，中央编译出版社1998年版。

［97］邱泽奇：《在政府与厂商之间：乡镇政府的经济活动分析》，载马戎等编：《中国乡镇组织变迁研究》，华夏出版社2000年版，第167—186页。

［98］杨善华、苏红：《从“代理型政权经营者”到“谋利型政权经营者”——向市场经济转型背景下的乡镇政权》，载《社会

学研究》，2002 年第 1 期。

［99］汪言安：《盐城水污染：20 年化工招商遗祸》，载《经济观察报》，2009 年 9 月 28 日第 013 版。

［100］李雪梅：《基于多中心理论的环境治理模式研究》，长春理工大学，博士学位论文，2010 年 2 月。

［101］李春成：《地方环保部门职责履行中的两难》，载《学海》，2008 年第 4 期，第 60 页。

［102］黄光国：《人情与面子：中国人的权力游戏》，中国人民大学出版社 2010 年版，第 6 页。

［103］翟学伟：《人情、面子与权力的再生产》，北京大学出版社 2005 年版，第 166—172 页。

［104］［美］阿图罗·埃斯柯瓦尔（Arturo Escobar）：《遭遇发展——第三世界的形成与瓦解》，汪淳玉等译，社会科学文献出版社 2011 年版，第 1—5 页。

［105］《中华人民共和国发展国民经济的第一个五年计划（1953—1957）》，人民出版社 1955 年版，第 15 页。

［106］周飞舟：《锦标赛体制》，载《社会学研究》，2009 年第 3 期，第 61 页。

［107］崔凤、秦佳荔：《论隐形环境问题——对 LY 纸业公司的个案调查》，载《河海大学学报》（哲学社会科学版），2012 年第 4 期，第 43—49 页。

附录1:重要人物一览表

1. **企业人员**

古先生，男，1962年生，立义化工厂厂长，区第11、12届政协委员。

方先生，男，1974年生，初中文化，企业生产负责人。

2. **沙岗村村民**

周永龙，男，65岁左右，上访主要参与者，在暴力事件中被拘捕和打伤。

周维成，男，45岁左右，暴力冲突、上访参与者，暴力事件中妻子被打伤。

周江耕，男，45岁左右，曾任村干，上访参与者，多次向环保局举报企业排污。

周育才，男，55岁左右，原在镇食品站工作，其女婿在镇派出所工作。

周建国，男，45岁左右，上访参与者。

邹先生，男，60岁左右，与古老板间有过争执，暴力事件中被打伤。

黄先生，男，50岁左右，住地与企业距离近。

薛女士，女，60岁左右，上访主要参与者。

高女士，女，45岁左右，暴力事件中被打伤，被拘留的时间最长。其儿子在暴力事件中被打受伤严重。

官女士，女，55 岁左右，暴力事件中被打伤。

杨女士，女，57 岁，参与挖道路和暴力事件。

严女士，女，60 岁左右。

朱老人，女，70 岁左右。

田女士，女，70 岁左右。

3. 沙岗村干部

郑先生，男，20 世纪七八十年代曾任村书记。

左先生，男，20 世纪 80 年代曾任村书记。

申先生，男，20 世纪 90 年代及 2005 年前后，任村书记。

郭先生，男，2002 年前后任村主任。

甘先生，男，45 岁左右，2002 年前后任村副主任，现任村书记。

4. 乡镇干部

潘先生，男，曾任大台镇派出所副所长。

邱先生，男，曾任大台镇政府分管环保的领导干部。

宋先生，男，曾任大台镇派出所所长。

叶先生，男，2011 年接受访谈时为大台镇党政办主任。

5. 区政府及职能部门官员

董先生，男，曾任区公安局副局长，与古老板关系密切。

季先生，男，2011 年接受访谈时为区环保局一位中层干部。

梁先生，男，曾任区环保局副局长。

6. 邻县政府官员

王科长，男，35 岁左右，2011 年接受访谈时为 F 县化治办工作人员。

翟先生，男，50 岁左右，2011 年接受访谈时为 X 县环保局副局长。

严先生，男，40 岁左右，2011 年接受访谈时为 X 县经信委经济运行科工作人员。

7. 其他

宋科长，男，省信访局工作人员，沙岗村村民周永龙的亲戚。

刁先生，男，50 岁左右，灌河码头老板，自幼生长于灌河边。

附录2:访谈提纲

A. 村民访谈提纲

一　村庄(自然村)基本情况

1. 村庄总户数，总人口，常住人口。

2. 村庄土地面积，耕地面积，人均耕地面积。

3. 水田面积和旱地面积，农作物种植结构。

4. 哪些农作物在种植过程中需要引水灌溉，灌溉水源是什么，灌溉系统如何?

5. 村庄内部的水系，村庄周边的水系，水系的流向情况。

6. 农户生计结构情况

（1）纯农户（仅从事农业生产）有多少户?

（2）兼营户（从事农业生产和其他行业）有多少户?农业生产之外的行业主要包括哪些，分别有多少人?比如，在工厂上班的有多少人，在本地工厂上班的有多少人，到外地工厂上班的有多少人；建筑工有多少人，在本地建筑工地打工的有多少人，到外地建筑工打工的有多少人?

（3）纯非农户（不从事农业生产只从事其他行业）有多少户?从事的行业类型?常住地点为本村、集镇、县城、市区或其他地方。

（4）其他的有多少户。

7. 村庄工业历史与现状

企业数量，创办时间，企业来源（本地/招商引资进入），企业规模，经营内容，用工人数，等等。

二　村民家庭基本情况

1. 家庭结构类型。

2. 家庭人口，劳动力情况。

3. 家庭耕地面积，种植结构，亩产量。

4. 农产品的用途，家庭自给消费/出售情况。

5. 农业生产的经济收入情况。

（农产品的一般市场价格、成本、毛收入及纯收入情况。）

6. 农业生产之外的家庭经济收入情况，比如打工收入等。

7. 家庭消费情况。

三　村民与污染企业

1. 是否在企业工作？

如果是，工作环境、工种、工资待遇情况如何？

2. 对企业老板是否熟悉？

如果熟悉，请介绍企业主的基本情况？对企业主的评价如何？

3. 村民对污染的认知：

（1）近年来，村庄自然环境发生怎样的变化？

（2）企业是否存在环境污染？

（3）如果认为企业有污染情况发生，包括哪些方面（比如空气污染、水污染、土壤污染等），污染程度如何？

（4）污染对村庄和村民自身有没有影响？如果有，包括哪些方面？

（5）村民认为这些影响是通过怎样的途径发生的？

4. 村民对污染的应对：

（1）污染对身体健康是否有伤害？

如果回答有，是否采取行动避害，采取什么行动避害？

（2）污染对农业生产是否有影响？

如果回答有，是否采取行动避害，采取什么行动？

（3）村民是否因为污染问题与企业主沟通？过程、结果怎样？

（4）村民是否因为污染问题与村干部沟通？过程、结果怎样？

（5）村民是否因为污染问题与地方政府及其相关职能部门沟通？过程、结果怎样？

（6）村民还采取了其他什么行动应对污染问题？

5. 污染企业搬迁后，生态修复情况。

B. 企业主访谈提纲

一 企业主基本情况

企业主年龄、文化程度、成长经历等。

二 企业经营

1. 企业创办的时间？
2. 企业如何进入村庄，本土成长的企业/外地招商引资进入？
3. 企业的经营史。
4. 企业的占地面积、投资规模、固定资产、年利润、年利税情况。
5. 企业的主要产品、生产工艺。
6. 企业的雇工人数，其中本地工人数和外地工人数，本地工人中本村工人数，外村工人数。
7. 工人的技术掌握情况。
8. 工人的工资待遇情况。

三 安全生产和环境污染情况

1. 环保设备的配备和运行情况。
2. 废水、废气和固体废弃物的处理工艺。
3. 废水、废气和固体废弃物的处理成本。

4. 废水、废气和固体废弃物的实际处理和排放情况。

5. 地方政府及其相关职能部门对安全生产的要求。

6. 是否曾有安全生产事故发生？

如果有，事故原因是什么，是否造成人员身体伤害？

7. 地方政府及其相关职能部门对三废处理的要求。

8. 是否曾因为废水、废气和固体废弃物的排放与周边村民发生冲突？

如果有，处理的过程、结果怎样？

9. 企业主对村民反污行动的看法。

10. 企业主对污染的认知：废水、废气和固体废弃物的外排对环境、村民健康和农业生产是否有影响？

C. 地方政府工作人员访谈提纲

一　地方自然社会和经济概况

1. 地方自然环境特征：地质、地貌、气候、水系、土壤、生物等。

2. 地方人口数量，人口结构，劳动力从业结构。

3. 地方经济结构。

（1）国民经济与社会发展主要指标，包括 GDP、人均 GDP 等；

（2）第一、二、三产的比例和结构情况；

（3）第一产业（农业）结构，包括种植业、林业、牧业、渔业，重点了解与工业污染影响相关的种植业和渔业（近海捕捞和养殖）；

（4）第二产业（工业）结构，重点了解其中的化工等具有环境污染风险的产业。

4. 地方招商引资情况。

5. 地方经济发展历史。苏北各市县在经济发展方面共同及不同的地方性特征。

6. 地方风土人情、风俗习惯。苏北地区在风土人情方面的共同地方性特征和不同之处。

二　地方的环保工作

1. 20 世纪 90 年代至今，地方招商引资的环境门槛。
2. 地方政府部门对企业的环评要求。
3. 地方政府部门对企业的日常环境监管情况，包括频次、内容、方式等。
4. 地方政府部门对企业非法排污的环保处罚的标准、方式等。
5. 地方企业违法排污情况。
6. 地方政府部门在环境监管中的工作经验、工作难点，对环境监管的心得。

7. 省、市、县政府开展的化工专项整治工作的相关规定和执行情况。

8. 地方政府对今后化工产业发展和环境治理的规划。

三　案例村庄和污染企业情况

1. 案例村庄中，污染企业排污造成的污染情况。

2. 地方环保部门对该污染企业的监管和处罚情况。

3. 地方政府及环保部门对案例村庄中村民举报企业排污的处理情况。

4. 对立义化工厂排污造成的特大水污染事件及其处理办法的看法。

5. 特大水污染事件发生后地方政府采取的“零化工”政策的执行过程。

6. 对“零化工”政策的看法。

后　记

在中国社会里，提及工业污染问题，似乎每个成年人都能洞见其成因，说出这样的话："无非是污染厂的老板买通了当官的，老百姓想反也反不了。"因为这样的事例在媒体报道中比比皆是、不胜枚举，情节也大抵相同。对工业污染问题，我曾经也是这样简单归因。获得这样的"真知"之后，看到这类新闻就因其对我来说不再"新"而不去关注了。

自 2002 年开始，工业污染在我的身边发生了，似乎长进了心里成了一块磨人的"疙瘩"。当时我在西北农林科技大学社会学专业读本科。寒假回到处在苏北一个普通村落的家里。一天，听说庄子后面河里的鱼都死了，便跑去看。果然，一些大鱼、小鱼翻着白白的肚皮浮在水面上。一些邻居把河里的死鱼捞起来，打算回去煮了吃吃看；一些邻居觉得鱼肉有毒。从父母、邻居们的谈话中了解到邻村来了一个颜料化工厂，经常排放一些"有毒"的东西到河里，河里的生物因此遭殃。愤恨的同时，心里升起一些无奈——在村民们口中被尊为"大学生"的自己似乎做不了什么以改变污染现实。

接下来的两三年中，化工企业越来越多地出现在老家村子的附近。邻镇上的高新技术园里，一下子涌进十多家化工、印染企业。听一些在高新技术园做建筑活的村民说起，他们在挖地基的时候，地下水溅到脸上、胳膊上、腿上，有刺痛的感觉，他们断定地下水已被先期进来的化工企业污染了。此后当我经过邻镇时，会不自觉地在高新技术园路口稍作停留，看着园区入口气派的标牌，宽阔的大道，整齐的路灯和一幢幢富有现代气息的厂房，心中升起疑惑、不解和担忧。

与工业污染研究的真正结缘是在2007年。2006年9月，我有幸进入河海大学社会学系师从陈阿江教授读研。2007年，陈老师的国家社科基金项目"'人—水'和谐机制研究——基于太湖、淮河流域的农村实地调查"立项。一些同学自愿性地参与到课题研究中。该课题的研究设计，按"人—水"关系将研究案例分成了"人水和谐"型（环境与经济、社会协调发展）和"人水不谐"型（污染导致疾病、贫困和迁移）两种类型，参与课题的同学自主选择自己感兴趣的类型，寻找相应的案例，做田野调查，探索"人—水"和谐或不谐背后的社会原因。因为家乡村庄里的污染问题，我选择了"人水不谐"型的研究，在淮河流域的苏北地区寻找案例。

此时，经过多年低门槛的招商引资，已有大量污染企业扎根到了苏北的村庄里。但是，绝大部分案例如同我老家所在的村子，虽遭受污染损害，没有更多的故事发生，不为外人所知。互联网上的两个发生污染纠纷并被称之为"癌症村"的苏北村庄一下子吸引住我：既被称为"癌症村"，污染危害必然非常严重；村民与污染企业发生纠纷并引发了媒体的关注，让我看到了村民行为的更多可能，以及污染问题背后的各种社会关系。我决心以此把苏北村庄里大量发生的污染问题理解清楚。

2007年研一的暑假，我来到这两个村庄开展调查。2008年1月硕士论文开题，我在两村中选择了污染纠纷更为复杂的东井村作为硕士论文的研究案例。开题后，利用寒假再次来到东井村，开展更进一步的田野调查，完成了硕士学位论文"乡村工业污染中的环境抗争——东井村个案研究"，以村民的环境抗争为主线阐述东井村中的工业污染危害、村民抗争行动以及污染问题难以解决的种种社会障碍。

东井村的研究经历和苏北家乡正在发生的急剧变化促使我决心读博。虽然基于东井村完成硕士学位论文并顺利毕业，对工业污染中一个企业污染周边村庄的现象获得了相对深刻的认识，对环境社会学的认知、研究思路有了一定的领悟，但“为什么”的背后还有更多的“为什么”，促使我想通过读博探索清楚；苏北家乡正经历着快速的现代化，环境问题日渐突出，社会问题层出不穷，在忧虑之中很想将这些问题理解清楚。2009 年 6 月，我通过考试继续在河海大学社会学系师从陈阿江教授读博。

此后，我继续做田野调查，走访了苏北地区盐城市下辖县区中化工企业最为富集的三县一区。每到一地，观察化工园区、污染状况，访谈污染企业中的工人、周边村民、地方政府相关职能部门的工作人员。积累了大量资料，对盐城市工业污染状况有了整体性的把握，对污染问题背后的社会机制有了更为深入的理解。梳理先前在苏北地区实地调查中获得的经验材料后，我决定以沙岗村为案例，以沙岗村中村民、企业主、政府部门 8 年间互动的社会逻辑为线索，在地域社会、经济、历史、社会文化背景中阐释乡村工业污染问题的社会机理，形成博士学位论文。在博士学位论文修改的基础上形成本书。

对于本书的分析路径，可用一个“土”字描述，体现为乡土路径和本土路径。在对社会事实的阐释中，最为耗神费力的便是分析路径的确定。在此，我对本书为什么着重从乡土、本土的角度分析乡村工业污染问题做一些交代，帮助读者理解本书。

也许有人会有这样的疑问，当前是现代社会、法律时代，怎么本书还在谈传统规范、情理、差序礼义？2013 年 10 月，我在母校河海大学参加“第 4 届东亚环境社会学学术研讨会”，在会上作了题为“依情理抗争：农民抗争行为的乡土性”的报告。有一位正在苏北从事法律相关工作的学者不同意我的观点，反问我，“照你这么说，这么多年在苏北普法没有作用，苏北老百姓都不懂法”？当然，并不是苏北地区的老百姓都不懂法律、不用法律。但在苏北地区，现行法律确确实实没有成为大部分村民们行动的依据，这类事例是非常多的。

同样是在2013年10月，我老家的村里正在发生着这样一件纠纷：一对失独老父母正在与儿媳争夺小孙子。儿媳改嫁，打算带走孩子，并让孩子改姓。失独老父母唯一的儿子因车祸去世，孙子是家族里唯一的“根”，也是二老未来生活的意义所在，不同意儿媳的做法。中间经舅老爷等多人调解，难以和解。最后儿媳起诉。基于此事，对现行法律的看法，村民们说得最多的是“这是什么法律，强盗法律”。

我们可以有很多种视角去看待这件事情，有各种观点，各种评判。从社会规范角度，我们可以看到大部分村民的观念与现行法律之间的差异。在笔者所做的乡村工业污染的研究中，这样的现象同样存在。相信读者在自己的生活体验中，也会碰到类似的情况。学术研究中，也常有各种“时髦”事物。用“时髦”事物把“土”的现象装点起来，确实会给我们视觉冲击，增加些学术自信。如果“土”现象变得“时髦”了，我们需承认它；如果“土”现象本身还是“土”的，我们也需承认它。

在遵循乡土逻辑的同时，本书选择本土分析路径解释经验现象，没有傍国外“大款”理论。在本书的第二章中“分析方法”部分，已经简要说明了套用在西方经验基础上形成的西方理论分析中国经验现象的危险性。使用西方的概念、分析框架对中国本土经验现象做到恰如其分、分毫不差的分析，几乎是不可能的。这在学界中是公认的。在本书所关注的乡村工业污染问题上，我们可以感受到污染问题发生发展的社会逻辑，村民、企业主和政府的行动逻辑以及他们之间的互动逻辑，有着明显的本土特性。这是笔者选择立足本土经验现象特征，提炼本土分析框架，解剖本土经验现象的原因所在。

首先，就研究地域来看，苏北地区的历史、社会、文化等方面的地域特征对这片土地上发生的乡村工业污染问题有着深厚的影响。在国家工业化、现代化的发展大计之中，发展焦虑在中国各地是普遍存在的。但是，与其他地区相比，苏北地区表现出更高程度的焦虑，对经济增长、招商引资更加急不可待，对产业类型更为缺少理性选择，与苏北地区独特的历史际遇、社会文化心理有着极为紧密的关系。这在本书的第二章“地域背景”和第六章第二节“三重焦虑：苏北乡村工业污染的独特原因”中已有详细的阐述。

其次，村民、企业主和政府的行动逻辑以及他们之间的互动逻辑呈现出独特的本土逻辑，与西方社会有较大的差异。从本书的第三章村民与企业的互动以及第四章村民与政府的互动中，可以看到案例村庄中村民的行动在其独特的经验世界和规范框架中，具有独特的乡土意义。如果使用所谓西方的、现代的、文明的、法律的视角，村民的行动会被贴上落后、低级、野蛮、违法的标签。从第三、五章中对企业行动逻辑的阐述，可以看到企业主并不是简单纯粹的经济理性人，他需要在独特的社会环境中取得利益最大化。他同样是本土文化影响下的“产品”。他通透乡村社会规范和相关法律法规，熟练于通过人情交易达成对政府官员的攀附。从第四、五章中对地方政府及相关职能部门的分析，也可以发现在独特体制、人情社会中政府官员行动的独特之处。

基于本土经验现象提炼、建构出合适的分析框架，做到恰到好处的分析，尤为重要。但做到这一点并不容易。需要研究者开展扎实的田野调查，通透本土社会文化特质、政治经济体制，并具有优秀的学术素养。就本研究而言，虽然历经数年调研、阅读、分析才得以完成，尚有未尽之处。更好地提炼、构建本土分析框架用以分析乡村工业污染问题的社会机制，需要笔者做出更多的努力，也需要更多学人参与到该领域的研究中。

在本书完成之际，回顾 2007 年至今的研究历程，发现自己在不知不觉、自然而然的状态中成为做“家乡社会学”的一员。“家乡社会学”是危险的，一方面，从研究方法的角度，研究者在家乡研究中确实有很大可能因为太熟悉而对社会事实“视而不见”；

或者如徐晓军所言因长时间远离家乡，使研究变成“记忆中的家乡”、“想象中的农村研究”[①]。但从另一方面，中国农村地方差异大，对于我们年轻人而言，“进得去”并不容易——用当地的地方文化、知识、规范体系理解当地农村现象并非易事。年轻人做家乡研究有天然的优势，离开家乡时间不长，熟悉家乡农村地方社会文化，格物致知更有可能。

做家乡研究的一个重要原因是我认为我的家乡太特别，而且特别的家乡给我特别的生命体验（在这点上可能很难说服苏北以外的人，对每个人来说“月是故乡明”）。自幼，我便以为苏南人是聪明的，相比之下，我们苏北人很笨。最直接的原因来自我的父亲。父亲早年在常州做木工师傅、承包工地多年，因为技术精湛、会讲流利的常州话、善于交往，曾听父亲常州的朋友对父亲说过这样的话，“罗师傅，都说江北人呆，你不像江北人”。在跟随父亲母亲小住常州时，作为流动儿童的我在偶与当地孩子相处时，用现在流行的话说，对他们有些“羡慕嫉妒恨”的感觉。现今，我居住在一个浙北小城，因为我不讲当地话，经常性地被当地人问起是哪里人。这样的对话总有些尴尬。因为当我回答是盐城人时，一些当地人会说，“盐城人，是苏北/江北的啊”，其语气寓意无穷的样子。

借用话语分析的思路，追踪话语背后的社会语境，“是苏北/江北的呀”便成了“是那个穷地方的呀”，“苏南”、“浙江”便成了“富裕的好地方”。虽然从建构主义的角度，“发展”、“欠发达”、“穷”都是社会建构的产物，但在现实中，发展话语已经使国家、各地方都踏到了发展的“跑步机”（treadmill）上，也给每个人戴上了“有色眼镜”，影响着每个人对生活的感受。所以，当

① 徐晓军：《记忆中的家乡，想象中的农村，想象中的农村研究成果——论农村研究的家乡化陷阱》。信息来源：社会学视野网，2011－03－25，http：//www. sociologyol. org/yanjiubankuai/tuijianyuedu/tuijianyueduliebiao/2011－03－25/12438. html。

苏北人已经摆脱历史上的各种灾害，过上了“比过去地主生活还要好的生活”时，在全国经济体系中并不算落后时，苏北人还是觉得相比苏南自己太穷了，苏南人还是觉得苏北是个穷地方。正因此，苏北这个特别的地方，不仅面临着国家层面上总体性的现代化压力，面临着江苏省率先发展、不能拖后腿的压力，还面临着赶超苏南的压力，面临着来自每个求富的苏北百姓的压力。正因此，我作为苏北人也时刻关注着家乡的发展，希望她越来越强大。

苏北在“焦虑症”下，还是患上了“急进病”，导致了“污染并发症”，“病毒”进入了苏北人赖以生存的空气、土壤、河流和海洋，各种“后遗症”也成为必然。“病毒”仍在扩散。

“旅馆寒灯独不眠，客心何事转凄然。”与乡村工业污染研究结缘以来的7年中，每次在家乡下田野做调查，都带着深深的担忧。读书期间，导师陈阿江教授曾对我们说，如果找不到研究选题，要向内看看自己的“大爱大恨”。正是对家乡的“大爱”，对污染的“大恨”，促使我成为做“家乡社会学”的一员。

本书得以完成，得益于师长的引导，得益于同门、朋友、调查地的村民们以及地方政府相关部门工作人员的帮助，也离不开父母、爱人的无私付出，在此，对他们致以诚挚的感谢。

首先，特别感谢我的导师陈阿江教授。博士学位论文的选题和田野调查，他于百忙中给予我关键性的引导；论文初稿完成后，他专门抽出时间仔细评阅，为我解析论文思路、结构以及论点上存在的问题；博士学位论文答辩后，还时常敦促我开展补充调查，不断地修改完善论文。陈老师的悉心指导让我为之感动。在论文的完成过程中，扎实的田野调查和严谨的态度是最基础也是最重要的，这些也都受惠于陈老师的言传身教。陈老师本人治学态度严谨、注重实地调查，让我们由衷地敬重、佩服。在他主持的每一项课题研究中，他都亲自带队开展实地调查。他多次教导我和同门必须尊重事实，坚决杜绝编造数据或明知数据不符实际但还使用这种数据的情况；多次教导我们无论将来做学术、在政府部门工作还是在企业就职，通过调查吃透现实都很重要，这是让我们受益终生的宝贵财富。他给予的教诲、启发，渗透到了我们的田野调查行动中，也渗透在本书的字里行间。

感谢河海大学施国庆教授、王毅杰教授、陈绍君教授、孙其昂教授、高燕副教授、顾金土副教授、胡亮副教授等各位老师，在我博士论文写作、答辩以及答辩后的修改过程中给我提出宝贵的修改意见。

感谢陈门这个共同体。这不仅是学术共同体，还是难得的生活互助体。陈门两周一次的读书讨论会、经常性的论文互评，让我受益匪浅。感谢陈涛、王婧、吴金芳、耿言虎、冯燕、谢丽丽、蒋培等同门多次帮助我讨论修改论文。特别感谢耿言虎，在频繁的讨论、交流中给我建议和启发。特别感谢吴金芳在我论文写作过程中持续给予我鼓励。

感谢孟维娜和范艳萍，读博期间与她们经常性的心灵成长交流，让我有更好的心理状态。孟维娜是我读博时期的同学、室友。我们一起撰写博士论文，相互激励。感谢她在我因学业、生活处在矛盾、焦虑、烦躁状态时，总能耐心听我倾诉，帮我平复心情。范艳萍为河海大学法学院教师，也与我同门，她真诚、热心，可敬、可亲，每次交流中给予我积极的能量。

在校门之外，在书稿完成的过程中，给我最大帮助的是沙岗村的村民们。田野调查中，沙岗村的周大爷帮助我挨家挨户地到村民精英家中收集当年的上访材料，在寒冷冬季帮助我到河边打捞因为拆迁扔掉的材料，我满怀感激。感谢村民们给予我观察和参与他们生活的机会，让我思考和领悟他们极为普通、平常又极其深远、悠久的观念和行为逻辑，让我对习以为常的苏北农村生活重新升起好奇，重新认识我因为熟悉"视而不见"的社会。

感谢江苏省盐城市基层政府和相关职能部门的工作人员。他们不仅没有因为我的打扰和关注工业污染这一敏感话题驱逐或防备我，反而愿意与我这个素昧平生的陌生人讲述他们在环保工作中的不足、难处以及他们对现实体制与基层社会的思考。感谢他们的坦诚相待，帮助我看到社会运行的机制，帮助我更多地解读、理解而不是单纯批判污染现象中政府部门的角色。

感谢我的家人。感谢我的父亲、母亲。他们用滴滴血汗滋养了我的身体，用吃苦耐劳的品质滋养了我的精神。父母亲的经济生活是从负开始。他们拆了草房盖瓦房，拆了瓦房盖楼房，盖好了楼房可以松一口气时，我考上了大学。至今记得为我读大学的学费发愁时，母亲坚定地说她不想看着我与她一样在农村干一辈子农活，即使讨饭也要供我读大学。而今，当我成为母亲时，母亲不辞劳苦、任劳任怨地帮我照顾着我的孩子。感谢我的爱人徐运对我的长久支持。

感谢养育我的这片苏北土地。期待，春风又绿苏北岸。

罗亚娟

2014 年 7 月于苏北乡村